JN233947

講座 情報をよむ統計学 6

質的データの解析
（調査情報のよみ方）

上田尚一 著

朝倉書店

講座「情報をよむ統計学」
刊行の辞

情報化社会への対応　　情報の流通ルートが多様化し，アクセスしやすくなりました．誰もが簡単に情報を利用できるようになった … このことは歓迎してよいでしょう．ただし，玉石混交状態の情報から玉を選び，その意味を正しくよみとる能力が必要です．現実には，玉と石を識別せずに誤用している，あるいは，意図をカムフラージュした情報に誘導される結果になっている … そういうおそれがあるようです．

　特に，数字で表わされた情報については，数値で表現されているというだけで，正確な情報だと思い込んでしまう人がみられるようですね．

情報のよみかき能力が必要　　どういう観点で，どんな方法で計測したのかを考えずに，結果として数字になった部分だけをみていると，「簡単にアクセスできる」ことから「簡単に使える」と勘違いして，イージィに考えてしまう … こういう危険な側面があることに注意しましょう．

　数値を求める手続きを考えると，「たまたまそうなったのだ」という以上にふみこんだ言い方はできないことがあります．また，その数字が正しいとしても，その数字が「一般化できる傾向性と解釈できる場合」と，「調査したそのケースに関することだという以上には一般化できない場合」とを，識別しなければならないのです．

その基礎をなす統計学　　こういう「情報のよみかき能力」をもつことが必要です．また，情報のうち数値部分を扱うには，「統計的な見方」と「それに立脚した統計手法」を学ぶことが必要です．

　この講座は，こういう観点で統計学を学んでいただくことを期待してまとめたものです．

　当面する問題分野によって，扱うデータも，必要とされる手法もちがいますから，そのことを考慮に入れる … しかし，できるだけ広く，体系づけて説明する … この相反する条件をみたすために，いくつかの分冊にわけています．

まえがき

このテキストの構成　本巻では，世論調査や意識調査の結果など「構成比の形で表わされる情報の扱い方」を取り上げています．統計学の適用分野として重要な分野であることは，いうまでもないでしょう．

構成比は複数の数値をセットにして扱う形になりますから，比較するときには「どの区分で大きく，どの区分で小さい」という見方をすることになります．その意味では「比較する」こと自体をきちんと考えることが必要です．第1章では，比較の仕方に関する基本概念を説明するとともに，統計グラフを使って簡明に比較しうることを示します．

さらに進んで，構成比のちがいに言及するためには，構成比のちがいを測る指標として「特化係数」や「情報量」を使います．これらの基礎概念を第2章と第4章で説明した後，これらを使うことによって，たとえば対象者の属性区分別にわけてみることの有効性を測ったり，「回答区分の有効なまとめ方」を見出すなどの分析へ進みうることを，第5章で説明します．この章が，類書では取り上げられていない話題だと思います．

第3章では，調査結果の読み方に関していくつかのポイントを説明します．たとえば，質問用語によるちがいが結果にどう影響するか，無回答や複数回答などの扱い方です．つづいて，第7章では，2つの項目A，Bの関係をみるとき，第三の項目Cのちがいが影響する場合に，その影響を補正する方法について説明します．

質的データはたいへん多く使われていますが，同時に，たいへん多く誤用されているものです．これらの章は，誤用を避けるために是非よんでいただきたい部分です．

第8章は，標本調査によって全数に関する情報を推計しうること，そのために必要な設計上の注意点を説明します．

第9章は，時間的変化を分析する場面でのデータの求め方や比較の仕方に関するトピックスです．

まえがき

このテキストの説明方法　このテキストでは，**実際の問題解決に直結**するように，適当な実例を取り上げて説明しています．数理を解説するのですが，その数理がなぜ必要となるのか，そうして，数理でどこまで対応でき，どこに限界があるのか … そこをはっきりさせるために選んだ実例です．

実際の問題を扱いますから，コンピュータを使うことを前提としています．

学習を助けるソフトつき　このシリーズでは，そういう学習を助けるために，第9巻『統計ソフト UEDA の使い方』にデータ解析学習用として筆者が開発した**統計ソフト UEDA** (Windows 版 CD-ROM) を添付し，その解説を用意してあります．

分析を実行するためのプログラムばかりでなく，手法の意味や使い方の説明を画面上に展開するプログラムや，適当な実例用のデータをおさめたデータベースも含まれています．

これらを使って，

　　　テキスト本文をよむ
　　　　　→ 説明用プログラムを使って理解を確認する
　　　　　→ 分析用プログラムを使ってテキストの問題を解いてみる
　　　　　→ 手法を活用する力をつける
　　　　　→ …

という学び方をサポートする「学習システム」になっているのです．

このテキストと一体をなすものとして，利用していただくことを期待しています．

2002 年 12 月

上田尚一

目　　次

0. このテキストで学ぶこと ——————————————— 1

1. 構成比の比較 ——————————————————— 5
   - 1.1　二重分類表　5
   - 1.2　被説明変数・説明変数　6
   - 1.3　構　成　比　7
   - 1.4　質的データ・量的データ　7
   - 1.5　構成比を比べるためのグラフ　9
   - 1.6　三　角　図　表　14
   - 問　題　1　18

2. 構成比と特化係数 ——————————————————22
   - 2.1　この章の問題　22
   - 2.2　特　化　係　数　22
   - 　　補注　構成比を比較する場合の暗黙の前提　26
   - 2.3　分析手段としての構成・運用　27
   - 2.4　特化係数のグラフ —— 風配図による表現　31
   - 問　題　2　34

3. 観察された差の説明 (1) ——————————————36
   - 3.1　観察結果の説明　36
   - 3.2　項目区分の仕方　38
   - 3.3　わからない (DK) や無回答 (NA) の扱い　41
   - 3.4　複数回答 (MA) の扱い　48
   - 3.5　複数回答 (MA) の情報の解釈 (1)　53
   - 3.6　複数回答 (MA) の情報の解釈 (2)　58
   - 3.7　「どちらともいえない」の解釈　62
   - 3.8　用語の選択　66
   - 3.9　賛成率などの指標の誘導　72

問 題 3　77

4. 情 報 量 —————————————————79
　4.1　情報量とは　79
　4.2　情報量の定義　82
　4.3　情報量の定義に関する補足　86
　4.4　情報量 $I_{A\times B}$ の統計量としての特性　87
　4.5　情報量の有意水準　88
　　問 題 4　92

5. データ分解と情報量分解 —————————————95
　5.1　この章で扱う問題例　95
　5.2　情報縮約の手法と論理　97
　5.3　定義に内包される階層構造を参照する場合　98
　5.4　分析計画のための情報量計算　101
　5.5　3次元の組み合わせ表にすることの要否判断　105
　5.6　分析計画　109
　5.7　普遍性を確認するためのくりかえし　112
　5.8　区分の集約　114
　　問 題 5　119

6. 多次元データ解析の考え方 ————————————123
　6.1　クラスター分析の考え方　123
　6.2　尺度化の考え方　129

7. 観察された差の説明 (2) ——————————————137
　7.1　混同要因　137
　7.2　クロス集計　142
　7.3　混同効果の補正　147
　7.4　標準化の方法——直接法　149
　7.5　標準化の方法——間接法　153
　　問 題 7　159

8. 精度と偏り ————————————————————163
　8.1　全数調査と標本調査　163
　8.2　サンプリング調査と推定精度　166

　　　　8.3　調査実施段階で入ってくるバイアス　169

9. 分析計画とデータの求め方 ――――――――――――173
　　　　9.1　調査対象をどのように設定するか　173
　　　　9.2　コホート比較　176
　　　　9.3　追跡調査・回顧調査　180

付　録　184
　　A.　分析例とその資料源　184
　　B.　付表：図・表・問題の基礎データ　188
　　C.　統計ソフト UEDA　202

索　引　204

● スポット
　　　統計グラフ　12
　　　情報化社会にひそむ問題点　78
　　　情報量の大きさ　91
　　　有意差検定　113
　　　電話やEメールを使った世論調査　165
　　　「支持率」という数字はバブル？　172

● プログラム
　　　CTA03X の使い方　122

この講座に関するホームページを開設しました．
　　　　http://www9.ocn.ne.jp/~uueeddaa
です．今のところ
　1．各テキストの概要説明
　2．正誤表
　3．ソフト UEDA の使用環境に関する注意
　4．Windows XP を使う場合に必要な INSTALL プログラム
　5．自由にダウンロードできるいくつかのサンプルプログラム
が掲載されています．参照してください．

《シリーズ構成》

1. 統計学の基礎 ……………………… どんな場面でも必要な基本概念.
2. 統計学の論理 ……………………… 種々の手法を広く取り上げる.
3. 統計学の数理 ……………………… よく使われる手法をくわしく説明.
4. 統計グラフ ………………………… 情報を表現し，説明するために.
5. 統計の誤用・活用 ………………… 気づかないで誤用していませんか.
6. 質的データの解析 ………………… 意識調査などの数字を扱うために.
7. クラスター分析 …………………… ⎱ 多次元データ解析とよばれる
8. 主成分分析 ………………………… ⎰ 手法のうちよく使われるもの.
9. 統計ソフト UEDA の使い方 …… 1~8に共通です.

0

このテキストで学ぶこと

このテキストでどんなデータを対象とするかを説明した後，それを分析するにあたって考慮に入れるべき点，いいかえると，これから学ぶべきことを示しておきましょう．

① このテキストでは，「世論調査」や「アンケート調査」などの結果を示すために集計された表 0.1.1 のようなデータの扱い方を考えていきます．

この例は，

「あなたが生きがいを感じるのはどんなときですか」

という問いに対する答えを，表頭に示す 4 とおりの区分のどれかを選んでもらう形で調査し，結果を，対象者の年齢による 6 区分にわけてカウントした結果です．

この結果にもとづいて，たとえば「日本人男性の生きがい観が年齢とともにどうかわっていくか」を説明せよ … ありそうな問題ですね．この段階では難しく考える必要はありません．どんな方法でもかまいませんから，答えてみてください．

② 各年齢区分別の情報を比べるのですが，各区分の人数がちがいますから，100

表 0.1.1 日本人の生きがい観の年齢別比較 ——（例 1）

年齢 （男）	あなたの生きがいは				
	計	仕事	余暇	子供	家庭
全体	1430	500	280	320	330
15〜19	290	120	130	40	0
20〜24	190	90	70	20	10
25〜29	220	100	40	40	40
30〜34	250	80	20	60	90
35〜39	250	60	10	80	100
40〜44	230	50	10	80	90

資料 15 に掲載されているグラフの情報をよみとって，数値をラウンドしたもの．女の数字は資料参照．

表 0.1.2　構成比の比較 ——（例1）

年齢	あなたの生きがいは				
	計	仕事	余暇	子供	家庭
全体	*	35	20	22	23
15～19	*	41	45	14	0
20～24	*	47	37	11	5
25～29	*	45	18	18	18
30～34	*	32	8	24	36
35～39	*	24	4	32	40
40～44	*	22	4	35	39

＊は100を表わすが，比率の分母を示すという意味で記号＊を使う．

図 0.1.3　構成比比較のためのグラフ ——（例1）

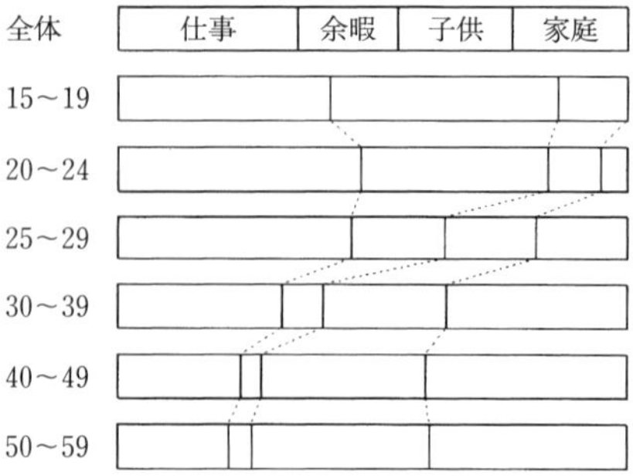

各比較区分（年齢区分）ごとにかいた帯グラフを1つのセットとして扱う．

人あたりの計数，すなわち，構成比に換算した上で（表0.1.2）比較します．これによって，年齢とともに「仕事」，「余暇」だとする人が減って，「子供」，「家庭」だとする人が増えていくことがよみとれるようですね．

　図0.1.3のようなグラフ（帯グラフ）をかけば，さらにわかりやすくなります．

　③　グラフの書き方については1.5節で取り上げますが，各帯の1番目の区分の長さで「仕事が生きがいだという人の割合」が年齢とともに減ることなど，②にあげた傾向を確認してください．

　④　このように簡単な（簡単そうな）問題ですが，厳密には，また，例示以外の種々のデータを扱うためには，いろいろと注意を要する点があります．

　考えなければならない問題点を例示しておきましょう．

　　a．データを求めるときにすべての人が回答してくれるとは限りません．無回答者があったときにどう扱うべきでしょうか．

　　b．女のデータ（表示してありませんが，同様に集計されたデータがあります）についても同様に扱ってよいでしょうか．

　　c．「年齢とともに仕事が生きがいだと答える人が増える（減る）」という（自明にみえる）説明ですが，「増える（減る）」という用語は妥当でしょうか．

　　d．「仕事」という答えが多い（少ない）という場合，あるいは「子供」という答えが多い（少ない）という場合の「多い（少ない）」というコトバは同等でしょうか．

　　e．この例では調査人数が多いので問題ないようですが，調査人数が少ないときに同じように断定的な説明をしてよいでしょうか．

　　f．調査対象者数をどのくらいにすればよいのでしょうか．

　　g．調査対象者をどのように選ぶのでしょうか．

　　h．「全体を代表するように選ぶ」といわれるようですが，代表するかどうかを

どんな方法で判断するのでしょうか．

⑤ このテキストで順を追って説明していきます．この段階では，「何か難しいことがありそうだ」と留意しておいてください．もちろん，必要以上に難しくするつもりはありませんが，「簡単に考えると見過ごされる，あるいは，誤解される問題がある」という注意です．

結論を誘導する手順で使った
　　　「計算」と「グラフ表現」だけでなく，
　　　「データの求め方」
　　　「結果の解釈の仕方」
も含めて，いろいろと考えるべき点があるのです．

⑥ 以下の表0.1.4〜0.1.7も表0.1.1と「同じ形式」になっており，同様に扱うことができるようですが，「同じ形式だから同じように扱える」と即断しないでください．このことについても，次章で説明します．

◆注　表名の後ろにつけた例番号は，本文の説明で引用するときに使う参照番号です．
　各表の下に，その表を掲載している資料名を略記してあります．くわしくは，付録を参照してください．
　付録には，ここに表示された範囲以外のデータを掲載している場合があります．

表0.1.4　あなたは職場条件に満足していますか ―― (例2)

国	計	満足	まあ満足	やや不満	不満	NA
日本	100	16.2	41.8	27.8	8.5	5.6
韓国	100	27.4	32.5	29.8	9.2	0.7
アメリカ	100	45.5	35.2	8.5	10.2	0.8
イギリス	100	48.4	32.0	9.0	9.7	0.9
西ドイツ	100	49.6	38.0	8.0	3.7	0.7
フランス	100	50.9	32.2	9.8	6.5	0.6

青少年の社会意識の国際比較(1978年)(資料26)

表0.1.5　勤労者世帯の消費支出月額分布の年齢階級別比較 ―― (例37)

世帯主の年齢	計	消費支出月額				
		10万以下	10〜20万	20〜30万	30〜40万	40万以上
計	100000	3477	46808	34349	10229	5137
〜29	10429	698	6938	2200	403	190
30〜39	38049	1072	21527	12512	2115	821
40〜49	31101	643	11234	13092	4215	1917
50〜59	16818	713	5421	5599	3096	1989
60〜	3603	351	1688	946	401	220

1979年(資料36)

表 0.1.6 勤労者世帯の消費支出月額平均値の年齢階級別比較 ——(例 38)

世帯主の年齢	消費支出月額平均値
～29	178807
30～39	200234
40～49	240551
50～59	263585
60～	212460

1979 年(資料 36)

表 0.1.7 勤労者世帯の消費支出区分別月額平均値の年齢階級別比較 ——(例 39)

世帯主の年齢	消費支出月額					
	総額	食料費	住居費	光熱費	被服費	雑費
～29	178807	51536	23726	6454	15035	82056
30～39	200234	64039	19248	7661	16718	92559
40～49	240551	73330	18594	8853	21583	118197
50～59	263585	65707	19974	8959	24827	144118
60～	212460	59700	18723	8464	19517	106055

1979 年(資料 36)

1 構成比の比較

○ 被説明変数，すなわち注目する情報が質的データである場合，
○ その情報を比較する対象区分を説明変数として想定し，
○ 被説明変数区分と比較対象区分の「二重分類表」を用意し，
○ 各比較対象区分の情報を「構成比」の形に表わして，
○ 構成比の差に注目して現象を説明することを考える
… これがこのテキストの主題です．
　この章では，まず，これらのキイワードについて説明します．また，構成比を比べるために有効な「グラフ」の書き方を説明します．

▷ 1.1 二重分類表

① このテキストでは，表 0.1.1 のような「世論調査や意識調査などの集計表」の扱い方を考えていきます．
　まず，この表の構成要素をみていきましょう．
　この表は，調査対象者（例示では人）を種々の観点で区分し，各区分に該当した対象者数（人数）をカウントした表です．
　例示の場合の区分は，「あなたが生きがいを感じるのはどんなときですか」という問いに対する答えを 4 とおりにわけた表頭の区分と，調査対象者の年齢を 6 階級にわけた表側の区分とを組み合わせた 4 個のセル 6 組，あわせて 24 個のセルに，対象者数をカウントした結果が表示されているのです．
② 例示は，"人の情報を人数で表現"したものですが，"世帯の情報を世帯数で表現"する場合，"企業の情報を企業数で表現"する場合，"地点の情報を地点数で表現"する場合なども，同じです．したがって，

　　2 とおりの分類項目の組み合わせ区分別に
　　　観察単位数をカウントした表

だと定義しておきましょう．

このような表を，二重分類表とよびます．

▶1.2 被説明変数・説明変数

① 表0.1.1では，2とおりの項目，すなわち，生きがい観と年齢とが組み合わされていますが，それぞれ，取り上げた趣旨がちがいます．

表頭に（横方向に）並べられている1セットの区分が，分析テーマとして取り上げている「生きがい観」に関する情報になっていることに注意しましょう．1つの概念に対応する1セットの情報ですから，ひとつひとつの区分の数値を切り離して扱うことは（普通は）しません．

したがって
　　　　項目を変数，各項目区分に対応する1組の数値を変数値（セット）
ということもできます．

1組の数値の一部分（たとえば仕事に対応する区分）だけに注目すると簡単に扱える場合もありますが，一般にはそうはいえません．

"他の区分と対比して1つの区分を選ぶ"形で調査した答えですから，"どんな区分を対比したのか"がわかる形で分析するのが基本です．

たとえば，「賛成・反対」の回答区分によって求められた賛成率と，「賛成・反対・どちらともいえない」の回答区分によって求められた賛成率とは，当然ちがいます．

② 表側に（縦方向に）並べられている1セットの情報も「年齢」という1つの概念（項目）の区分（項目区分）に対応していますが，表を編成した意図では，「その各区分の情報を比較する」ことを考えています．いわば，比較する集団区分を定義するための項目区分です．

③ 表頭が「説明の対象とされる変数」であり，表側が「その変数値にみられる差を説明するために取り上げた変数」だと了解すればよいでしょう．いいかえると，「被説明変数」と「説明変数」です．

　　　説明変数（項目）の区分 ⇒ 被説明変数（項目）の区分
の形の因果関係を想定し，その関係を実際のデータで観察しようとするものになっているのです．

1つの数値で計測されるデータでなく，複数の概念区分に対応する観察単位数を1組として扱う「多成分データ」ですから，「変数」というコトバになじみにくいかもしれませんが，「2つ以上の数値をセットにして計測される変数」という呼び方は，今後分析の論理を理解する上で有効です．また，第0章にあげた別の例との類似点・相違点を理解する上でも有効です．

▶1.3 構　成　比

① 表頭区分についても表側区分についても「計」の欄を設けてありますが，分析での扱いは同一ではありません．前節で述べたように
　　　　対比しようとする「集団区分」の観察単位数
ですから，
　　　　表側の各区分の情報を比較するためには「そろえておくべき」もの
です．
したがって，
　　　　それぞれの区分に該当する観察単位数が 100 だとしたときの値に換算する
という意味で，100 あたりの計数（百分比）に換算しておきます．
いいかえると
　　　　表頭の各区分に対応する計数を，計が 100 になるように換算する
のです．
この換算を適用した 1 行分の計数を 1 セットとみなし，「構成比」とよびます．
この構成比が表側の各区分に対応して求められ，それらを比較する表になっていることから，「構成比比較表」とよびます．表 0.1.2 です．
なおこの節では，表頭が被説明変数，表側が説明変数だとして説明しています．
作表のとき，被説明変数を表側におき，説明変数を表頭におくこともありえますから，その場合は表頭，表側というコトバを入れかえてください．

▶1.4　質的データ・量的データ

① 第 0 章にあげた他の例をみましょう．
表 0.1.5（例 37）は，その表頭が，数量データの階級区分として定義されています．すなわち，1 つの数値で計測しうる変数を使っているが，
　　　　変数値の分布状況をみるという意味で階級区分を定義し，
　　　　それぞれの区分に属する観察単位数を表示
しているのです．
表 1.4.2 の A の形式です．
このため，「横計」に対する百分比で表わし（表 1.4.2 の B の形式），それを対比するという扱いが適用できますが，表 1.4.1 の B の場合とは，基礎データのタイプが異なります．
表 1.4.2 のケースを「度数分布比較表」とよぶことにしましょう．
　　　　構成比比較表　　　区分は質的データの概念区分
　　　　　　　　　　　　　計数は各区分に該当する度数

表 1.4.1　質的データの表現

A. 人数のカウント

人数	あなたの生きがいは			
	仕事	余暇	子供	家庭
250	80	20	60	90

B. 構成比

計	あなたの生きがいは			
	仕事	余暇	子供	家庭
100	32	8	24	36

表 1.4.2　数量データの表現

A. 人数のカウント

人数	所得月額			
	10～20	20～30	30～40	40～
250	20	80	100	50

B. 度数分布

計	所得月額			
	10～20	20～30	30～40	40～
100	8	32	40	20

C. 平均値

人数	1人あたり平均所得月額
250	32.20

　Aの表現は，質的変数の場合と数量データの場合と同じ．Bの表現は，形式的には似ているが，区切りの基礎データのちがい，(たとえば区切り幅の広狭差)が問題となることがある．Cの表現は，数量データの場合のみである．

　　　　　度数分布比較表　　区分は数量データの階級区分
　　　　　　　　　　　　　　計数は各区分に該当する度数

② 表0.1.6は，表0.1.5すなわち「度数分布表」の情報を「平均値」に集約したものです．したがって，表0.1.5で表頭におかれていた階級区分は使われないことになり，形式上は1区分になっています．
　このケースを「平均値比較表」(表1.4.2のCの形式)とよぶことにしましょう．
③ 表0.1.7は，形式上，表0.1.1および表0.1.5と類似していますが，
　　　　　表の各セルの数値が「観察単位数」でない
ことに注意してください．この点で，いずれともちがうタイプです．
　表頭におかれた区分は，上位区分としては消費支出であっても，その下位区分として消費支出の内訳を想定して設けられたものです．数値は，それぞれの概念規定に対応する数量データの平均値です．その意味では，表0.1.5と同じく「平均値比較表」です．複数の平均値を1セットの情報として扱う場合にあたるのです．
　　　　　平均値比較表　　区分は質的データの概念区分
　　　　　　　　　　　　　計数は各区分に該当するケースでみた平均値
④ もうひとつ例示してあります．表0.1.4です．
　この表の表頭は「満足」，「不満」の区分ですが，満足，不満について，「まあ」あるいは「やや」という形容詞をつけた区分を設けることによって，賛否の度合いの強さをランクづけする形になっています．
　このように「質的な区分」と「量的な区分」との間に位置づけられる区分がありえます．そういう場合も含めると，次のようにタイプわけすることができます．

質的データ： 区分を代表する変数は「名目変数」であり，
　　　　　　各区分にはそれぞれを同定する符号が対応づけられる．
数量データ： 区分を代表する変数は「数量変数」であり，
　　　　　　各区分にはそれぞれの区分での観察値の平均値が対応づけられる．
　　　　　　数量データだから，それらの差あるいは比に注目した比較ができる．
順位データ： 区分を代表する変数は「順位変数」であり，
　　　　　　各区分にはそれぞれの順位値が対応づけられる．
　　　　　　順位値だから，「大小関係については言及できる」が，それらの大きさの差あるいは比については言及できない．

◆注　数量データの比較において，差を使って比較するか，比を使って比較するかは，それぞれの計測値の性格を考慮して決める．

⑤　表0.1.4の表頭区分は，「質問事項に対する反応」，すなわち質的な概念に対して，「質問応答の過程で順位づけ」することを試みたものです．

表0.1.1の表頭区分についても，「年齢とともにどうかわるか」を分析することによって，いわば事後的に，順序づけすることが考えられます．いいかえると，
　　　　　質的データとして調査されているものを順位データにおきかえる
ことが考えられるのです．

▷1.5　構成比を比べるためのグラフ

①　表1.5.1は，各国の青少年が「社会に出て成功する要因」をどう考えているかを調べた結果です．

表1.5.1　社会に出て成功する要因──(例6)

国別			社会に出て成功するのに重要なこと					
	対象者数	回答延べ数	ア	イ	ウ	エ	オ	カ
7か国の計	14112	26946	2525	7994	8689	4200	3267	271
日本	2010	3659	96	975	1371	283	880	54
アメリカ	2116	4116	281	1251	1481	908	182	13
イギリス	1994	3898	227	1290	1274	744	337	26
西ドイツ	2002	3691	438	1215	1133	228	619	58
フランス	2003	3824	751	961	1148	389	547	28
スウェーデン	2001	3844	548	1055	1037	704	478	22
スイス	1986	3914	184	1247	1245	944	224	70

ア：身分・家柄，イ：個人の才能，ウ：個人の努力，エ：学歴，オ：運・チャンス，カ：NA．
1978年(資料26)

表 1.5.2　構成比の比較 ——（例6）

国別	計	社会に出て成功するのに重要なこと					
		ア	イ	ウ	エ	オ	カ
7か国の計	＊	9.4	29.7	32.2	15.6	12.1	1.0
日本	＊	2.6	26.4	37.5	7.7	24.0	1.5
アメリカ	＊	6.8	30.4	36.0	22.1	4.4	0.3
イギリス	＊	5.8	33.1	32.7	19.8	8.6	0.7
西ドイツ	＊	11.9	32.9	30.7	6.2	16.8	1.6
フランス	＊	19.6	25.1	30.0	10.2	14.3	0.7
スウェーデン	＊	14.2	27.4	27.0	18.3	12.4	0.6
スイス	＊	4.7	31.8	31.8	24.1	5.7	1.8

　この質問の答えは，ア～オのうちから「2つ以上を選んでよい」とする調査方式 (MA方式) によっています．したがって，「○％の人がアをあげた」という言い方と，「アという回答が○％だ」という言い方を区別しなければならないのですが，ここでは，そのことにはふれないものとし (3.4節で再論します)，回答延べ数を「計」とみなして扱うものとします．

◆注　「2つ以上いくつでもよい」とする場合，「2つを選べ」とする場合，あるいは，「2つ以上を選び，主なもの1つをマークせよ」とする場合などがあります．

② 　構成比を計算し比較してみましょう．たとえば
　　　　7つの国の特徴を比較して，3つのグループにタイプわけする
ことを試みてください．
　計算結果をグラフにする方が比較しやすくなるでしょうが，まずは構成比の表によることにしましょう．表 1.5.2 が，構成比の表です．
　③ 　構成比の情報のグラフとしては「帯グラフ」あるいは「円グラフ」がよく使われています．念のためそれぞれの表現原理を比較しておきましょう．

帯グラフ　　計100に対応して長さ100の棒をかき，その内訳である構成比の数値 ($P_1, P_2, \cdots$) に対応して，棒を区切っていく … これが「帯グラフ」です．構成比というデータの性格に自然に対応する図示法です．

図 1.5.3 (a)　帯グラフの表現原理

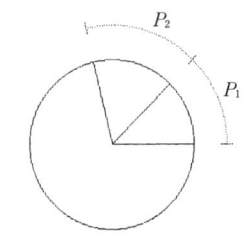

図 1.5.3 (b)　円グラフの表現原理

円グラフ　　計100を円に対応させ，一周に対応する角度360度を，構成比×360度に相当する頂角をもつパイで区切っていく … これが，「円グラフ」です．

　④ 　どちらの表現をとるにしても，1つの集団区分ごとにその区分における構成比を1つの図形で表

図 1.5.4 帯グラフによる比較 ――（例 6）

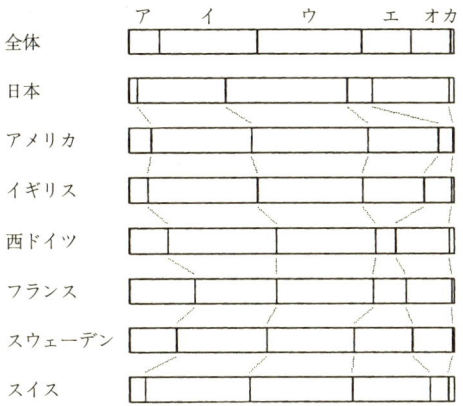

図 1.5.5 円グラフによる比較 ――（例 6）

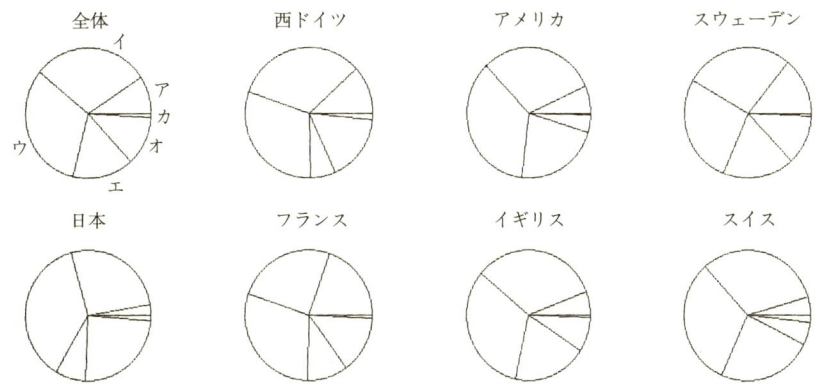

示することになります．したがって，それらを比べるために，たとえば各国の情報のグラフを比較しやすい形に並べることが必要です．

そうした場合に達成できる「比べやすさ」が問題です．

表 1.5.2 をグラフにしてみましょう．

図 1.5.4 は帯グラフによった場合，図 1.5.5 は円グラフによった場合です．

各国の情報（各国の図）をみてそれぞれのパターンを把握し，それを比べて，7 か国を 3 つのグループにわけることを試みてください．

図 1.5.4 と図 1.5.5 を比べてみてください．「似たものをまとめる」ためにどちらが使いやすいでしょうか．

帯グラフの方が使いやすいと思います．「長さの比較」と「角度の比較」という基本

図 1.5.6 (a) 極座標　　図 1.5.6 (b) 多軸表現

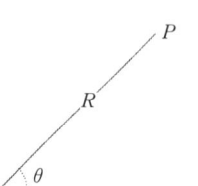
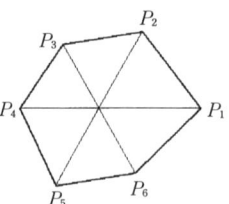

的なちがいからくることです．帯グラフの場合，各帯の区切り位置を結ぶ線をひいて比較しやすくするという工夫を加えていることも効いています．円グラフの場合，対応する項目区分の位置が不ぞろいになり，その頂角の大きさを比較しにくいのが致命的な欠点です．

⑤　構成比のグラフとして，もうひとつ別の表現法が考えられます．「風配図」，または，「レーダーチャート」とよばれる形式です．

風配図の表現原理をまず説明しておきましょう．

この形式は，2つの変数値を極座標，すなわち，原点から放射状にえがいた半直線上の位置 R と，角度 θ を使う方式を採用しています（図 1.5.6 (a)）．

構成比は，"複数の変数の観察値を1組の情報として" 扱うべきものですから，それを図示するには多数の座標軸を使うことが必要です．だから，図 1.5.6 (b) のように，変数の数に応じて多数の座標軸を等角度に配置した形式を採用します．

構成比の成分をなす各変数区分に対応する比率値を各軸上にプロットした上，それらを結んだ多角形をかくことによって，

　　　"形" として，構成比の情報を把握し，
　　　"形のちがい" として構成比のちがいを対比できる

ことになります．これが重要な点です．

統計グラフ

　統計グラフは，統計データを表現し，よみとるための手段として使われるものです．図で表わしますから，見やすい表現になりますが，データが示す意味をよみとるためには，「それが適正によみとれるように表現する」ように考えることが必要です．

　したがって，「図としての表現原理」と「統計データの表現原理」とがマッチするように，その形式を選びましょう．

　このテキストでは，構成比を表現するためのグラフを取り上げていますが，グラフ全般については，第4巻『統計グラフ』を参照してください．

1.5 構成比を比べるためのグラフ

この形式の図は，レーダーチャートあるいは風配図とよばれていますが，ここで説明したように，半径(Radius)と角度(Angle)を使う表現法という意味ではRAプロットとよぶとよいでしょう．

⑥ 図1.5.7は，表1.5.2の情報に対応する風配図です．

図1.5.4，すなわち帯グラフによる表現と比べて，「比較しやすさ」を評価してください．

この場合も，7か国の情報をみて似たもの，相違したものを見わけて，3グループにわけることを試みた上で評価しましょう．

結論はつけにくいかもしれません．

風配図は1組の構成比を1つの図形で表現する段階では簡明であっても，数組の構成比を比較する段階での比較しやすさにはいまひとつ問題が残るようです．

少数の集団区分の比較なら，風配図を1枚に重ねてかくと，比較しにくさは解消します．しかし，多数の集団区分の情報を比較しなければならないときには，図例のように，標準の構成比(対象全体を一括してみたときの構成比)の図を手がかりにして(それとの差として)集団区分間のちがいを把握できます．

このように工夫を加える余地がありますから，風配図と帯グラフの優劣は，簡単には結論できませんが

　　　なじみのあるタイプ……帯グラフ
　　　表現原理のスマートさ…風配図

という評価でしょうか．

後の章でちがった観点を入れることになりますから，そこで再論します．

図1.5.7 風配図による比較 ——(例6)

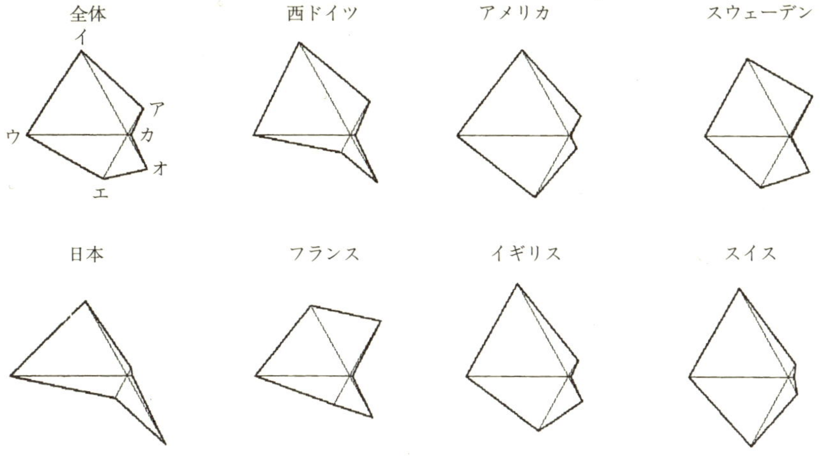

▶1.6 三角図表

① 前節では，構成比の情報を表わすグラフとして，帯グラフ，円グラフ，風配図の3種を説明しましたが，区分数が3の場合については，もうひとつ，「三角図表」とよばれる形式があります．

　　　各集団区分の情報を1つの点で表現でき，
　　　集団間のちがいを点の位置のちがいとしてよめる

ために，たいへん便利な表現法です．

区分数が3の場合，と限られる表現ですが，たとえば「賛成・反対・中立」あるいは「自社・ライバル社・その他」など，適用できる場面は多くあります．

② まず，このグラフの表現原理を説明しましょう．

区分数が3の場合，各集団区分の情報を構成比(P, Q, R)で表わします．3成分です．しかし，構成比ですから，関係$P+Q+R=1$が成り立っています．このことを考慮に入れると，たとえばPとQだけに注目し(Rを無視して)，P, Qを縦軸，横軸にとった平面上の点の位置で表わすことができます．

原理としてはこれでよいのですが，問題の扱い方としては，「P, Q, Rを対等に扱いたい」ことが多いでしょうから，ちょっと工夫しましょう．次に説明するように

　　　2成分データ(X, Y)なら平面上の点で表わせる
　　　3成分データ(P, Q, R)でも，$P+Q+R=1$の関係があるので平面上の点で
　　　表わせる

結果となるのです．

③ 正三角形の各辺に，図1.6.1(a)のように，それぞれP, Q, Rに対応する0から100%までの目盛りを刻みます．ただし，図のように，

　　　刻み位置を示す区切り線を60度の角度をつけてかいておく

のがポイントです．0から100の方へ向かって左へ60度です．

(P, Q, R)に対応して，各軸上に点をとります．

図1.6.1 三角図表の表現原理

(a) 目盛りのとり方　　(b) 点のとり方　　(c) 座標軸の読み方

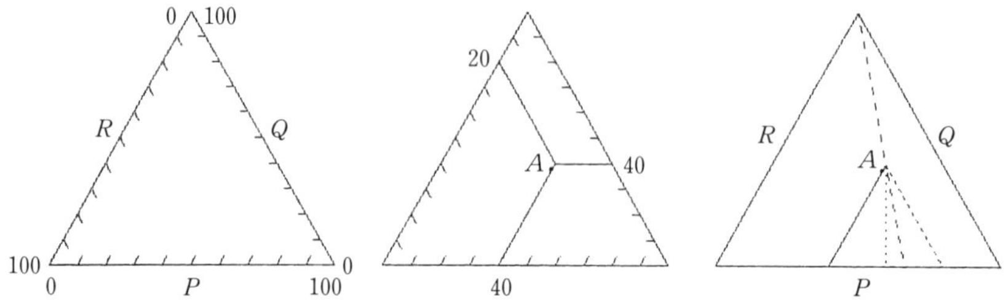

1.6 三角図表

その点から，区切り線の方向に直線をのばします．点は3つですから線も3本ですが，3本の直線は1点で交わるはずです（説明は省略します．高校の数学で出てきた正三角形，垂心というコトバがヒントです）．

その点が，構成比 (P, Q, R) を表わす点です（図1.6.1(b)）．この作図の手順を逆にたどれば，各点に対応する (P, Q, R) の値をよむことができます．たとえば，図1.6.1(c) に示した点Aの座標値のうち P をよむには，点Aから，P の目盛り軸上の区切り線をみて，その方向に線をひき（図例では実線），目盛り軸との交点の値をよみます．

Q の値，R の値も同様によめます．

各目盛りの区切り線を傾けておいたのは，こういう読み方を助けるためです．

◆注　図1.6.1(c) では実線以外に3とおりの線を示してありますが，いずれも，誤りです．ただし，破線は，後述する「特別の読み方」に対応します．

④　三角形の各軸について，
　2成分データ (X, Y) を表示するときには
　　　X 軸は，X の目盛りを刻んだ軸，すなわち，$Y=0$ の位置を表わす軸
　　　Y 軸は，Y の目盛りを刻んだ軸，すなわち，$X=0$ の位置を表わす軸
　3成分データ (P, Q, R) を表示するときには
　　　P 軸は，P の目盛りを刻んだ軸，すなわち，$Q=0$ の位置を表わす軸
　　　Q 軸は，Q の目盛りを刻んだ軸，すなわち，$R=0$ の位置を表わす軸
　　　R 軸は，R の目盛りを刻んだ軸，すなわち，$P=0$ の位置を表わす軸

ということになりますが，3成分の場合における「すなわち以下のいいかえ」は混乱のもとになりますから注意しましょう．

⑤　こういう作図を行なうには，三角図表用の方眼紙が市販されていますから，それを使いましょう．紙面いっぱいに3方向の目盛り線がひいてあるため，慣れないと使いづらいものですが，上に述べたように60度の刻みを入れさえすれば，迷うことはないでしょう．

◆注1　以下の注記は，考え出すと混乱のもとになる…しかし，そういう混乱を避けるために必要な注意です．三角形の3つの頂点（右下，上，左下）がそれぞれ $(100, 0, 0)$，$(0, 100, 0)$，$(0, 0, 100)$ に対応します．このことが三角図表の特徴のひとつですが，これら頂点の位置に P, Q, R と表示すると，軸の名称と混同されるおそれがあります．したがって，P, Q, R は，もっぱら軸の名称の表示用と限定しましょう．

◆注2　P の値をよむための作図は，軸 R に平行な線をひくことになりますが，そういう見方はやめましょう．混乱のもとになります．

⑥　実際に応用した例をあげておきましょう．
図1.6.2は，「世の中に科学技術が発展すると，人間らしさがなくなっていく」という意見に対して，

1. 構成比の比較

図 1.6.2 三角図表の適用例 ——（例 17）

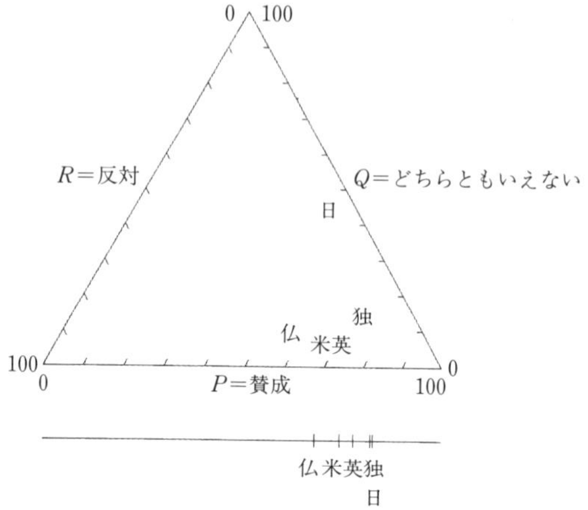

```
         0 ∧ 100
          / \
         /   \
   R=反対     Q=どちらともいえない
       /  日   \
      /         \
     /       独   \
    /      仏 米英  \
  100 ————————————— 0
   0      P=賛成    100

         ─────────────
              仏米英独
                日
```

たとえば日本の場合，
$P=45\%$, $Q=45\%$, $R=10\%$
です．他とのちがいは Q が大きいことです．図下の横線部については本文参照のこと．

「賛成」，「反対」，「どちらともいえない」の3区分から選んでもらった結果を，

日本，アメリカ，イギリス，ドイツ，フランスの国別に比較したものです．

賛成率はイギリス，アメリカ，ドイツでほぼ70％であるのに対して，日本は45％になっています．

また，日本の点は上方向に離れています．「どちらともいえない」が45％ととびぬけて大きいためです．

点の位置に注目して5か国をいくつかのグループにわけることが容易にできます．これが，三角図表の効用です．

⑦ この例に関しては，「どちらともいえない」を除外して，2区分の構成比におきかえて比べることも考えられます．いいかえると Q の情報を使わず，P, R の相対比 $P/(P+R), R/(P+R)$ に注目しようということです．

三角図表ではこういう見方に対応した図示が可能です．

図1.6.3のように作図して，各点に対応する P 軸（$Q=0$ に対応する軸）上の点の位置を図示して比較すればよいのです．

図1.6.2にはそのための軸を下部につけ足してあります．

これによって

3区分でみた P の値では「日本が最も小さい値を示している」が

図 1.6.3 三角図表の特別な読み方

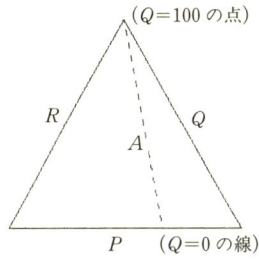

$Q=100$ ($P=0, R=0$) に対応する頂点とデータ (P, Q, R) の位置とを結び，その線を延長して $Q=0$ の線との交点を求める．それが $P/(P+R)$, $R/(P+R)$ に対応.

「どちらともいえない」を除いた形で「賛否」の割合をみると

「日本はドイツと並んで最も大きい値を示している」

ことが1枚の図でよみとれます．

「どちらともいえない」の扱いの重要性に気づき，誤読を避ける … そういう効果を期待できるグラフになります．

● 問題 1 ●

問 1 (1) 表 1.A.1 にもとづいて,「生きがい観」が年齢とともにどう変化しているかを説明せよ.
(2) その説明を誘導するために, どんな計算をしたか, またはどんなグラフをかいたか.

問 2 (1) 表 1.A.2 にもとづいて,「各県の産業構造のちがい」を説明せよ.
(2) その説明を誘導するために, どんな計算をしたか, またはどんなグラフをかいたか.

表 1.A.1 生きがい観の年齢別比較 ――(例 1)

	計	A_1	A_2	A_3	A_4	A_5
計	1730	500	280	300	320	330
B_1	350	120	130	60	40	0
B_2	240	90	70	50	20	10
B_3	280	100	40	60	40	40
B_4	300	80	20	50	60	90
B_5	290	60	10	40	80	100
B_6	270	50	10	40	80	90

A. 生きがい   B. 年齢区分
　A_1：仕事 B_1：15～19
　A_2：レジャー B_2：20～24
　A_3：生活 B_3：25～29
　A_4：家庭 B_4：30～39
　A_5：子供 B_5：40～49
　　　　　　　　　B_6：50～59

表 1.A.2 産業構造の県別比較 ――(例 32)

	計	A_1	A_2	A_3	A_4
計	10140	3018	1511	1861	3750
B_1	584	205	60	88	231
B_2	460	190	60	65	145
B_3	446	167	60	63	156
B_4	1018	370	125	155	368
B_5	926	249	124	158	395
B_6	4920	1137	897	1070	1826
B_7	1786	710	185	262	629

A. 産業区分   B. 県別
　計 県内総生産 B_1：茨城
　A_1：製造業 B_2：栃木
　A_2：卸小売業 B_3：群馬
　A_3：サービス業 B_4：埼玉
　A_4：その他 B_5：千葉
　　　　　　　　　　B_6：東京
　　　　　　　　　　B_7：神奈川

問 3 表 1.A.1 と表 1.A.2 は, データのタイプが異なる. 問 1 あるいは問 2 で, このちがいをどのように扱ったか. 特に, 横計 (A の区分の計) の扱いについて答えよ.

問 4 (1) 構成比を比較するグラフとして, 帯グラフ, 円グラフ, 風配図などがある. これらのグラフの表現原理のちがいに注目して, それぞれの長所・短所を指摘せよ.

特に，「種々の集団区分での構成比のちがいを把握する」ための有効性に注目すること．
(2) 実際にグラフをかいた上で，再考せよ．
グラフをかくためにはプログラム PGRAPH01 を使うこと．
(3) 問1で説明したことがグラフからよみとれたか．
　注：このプログラムには例示用データとして表 1.A.1 をセットしてあるので，そのグラフをかく場合を例にとって答えること．
　　　プログラムを指定し，データとして例示を使うと指定すると，プログラムが呼び出され，次のメニューが表示されます．このメニューで，まず0と指定してグラフ形式によるちがいをみた上，1，2，3を指定して，それぞれのグラフを使って年齢区分別差異をよみとることを試みること．

```
各区分のデータを
　3とおりのグラフで表わす …………0
比較するのは各区分のデータです
　帯グラフを使って比較　 …………1
　円グラフを使って比較　 …………2
　風配図を使って比較　   …………3
```

問5 (1) プログラム PGRAPH を使って，1983年および1988年について，図1.5.4，1.5.5，1.5.7と同じ形式の図をかけ．基礎データは付表 B.1.1 に示すように年によって対象国がかわっている．ここでは，本文で取り上げた7か国からスウェーデンを除き，ブラジルと韓国を加えた8か国を取り上げるものとする．
(2) 図1.5.4，1.5.7と同じ形式の図をプログラム PGRAPH02 を使ってかけ．
　注：(1),(2) どちらの場合も，データとして DQ22A を指定すること．
　注：プログラム PGRAPH02 には，実際の問題を扱うことを想定していくつかの機能を用意してあります．特に風配図では，観察対象区分（例では国）別のちがいをみるためにいくつかの対象区分を重ねた図にすることができます．また，指標区分（例では質問の回答区分）の配置順を適宜入れかえることができます．
　　　これらの機能を適用して，比較しやすい図にすることを考えてください．
　　　帯グラフについては他のプログラムで同様の扱いを適用できますが，ここでは，風配図について考えればよいでしょう．
　注：対象区分の指定　図のように区分の記号が表示されたとき Enter キイでカーソル（緑の/）を動かし，対象とする区分の箇所で任意のキイをおすと，選択されたことを示す○印がつきます．

```
対象とする区分(Bの区分)を指定
　 Enter キイでカーソルを移動
対象とする区分のところで任意のキイ
指定変更は　X　　指定終わりは /

 * A B C D E F G H
   ○ ○ ○　/
```

　　指定が終わったら / をおすと，指定された区分の図がえがかれます．

注：順序入れかえは，グラフがかかれた後に現われるメニューで，J（順序入れかえ）を指定するとカーソル（小さい四角）が風配図の右端の頂点に現われます．これをEnterキイで動かして，入れかえたい箇所2点で/キイをおすと，それらの箇所が入れかえられます．

```
表示順変更……J
拡大………………L
縮小………………S
コピー……………C
```

問6 問5について，回答区分中の「無回答」を除いて，それ以外の回答区分について比較するものとした場合のグラフをかけ．「無回答」を除いたデータもファイルDQ22Aに入っている．

問7 (1) 表1.A.2の産業区分をくわしくした47県分の情報がファイルDL20に記録されている．これを使って県別比較をするためのグラフをかけ．
プログラムPGRAPH01を使うこと．
注：プログラムPGRAPH01は区分数に関して無制限であるが，グラフをかけても，それを比較して情報をよみとれません．この問題では，そのことを確認すればよいものとします．こういう問題は，まず，第6章で説明する多次元データ解析を適用するのが普通です．

(2) 産業区分を表1.A.2に示す4区分にした県別値がファイルDL20Aに記録されている．これを使って県別比較をするためのグラフをかけ．
注：構成比の要素数を減らしたためひとつひとつのグラフはよめる形になりますが，それらを比較して県別差異を把握するには，工夫することが必要です．
ヒント：風配図を使うものとして，次のステップを経るとよいでしょう．
a. 「全国平均でみた構成比」と「各県の値でみた構成比」を重ねた図を各県ごとにかく．
b. 「構成比のパターン」を比較して，いくつかのタイプにわける．
c. 各パターンを代表する県を選び，それらを比較する．

問8 （問7のつづき）産業区分をA_1, A_2, A_3の3区分に限って比較するものとして，三角図表を使ってみよ．プログラムPQRPLOTを使うことができる．使うデータとしてファイルDL30Bを指定すること．3区分にした県別値が記録されている．
注：区分数が3の場合，構成比の情報が1点で表わされるので，県別比較が容易になります．それが三角図表の効用です．
ヒント：データファイルDL30Bには，各県の値を表示するマークをABCDなどとするための指定文OBSIDが用意されていますが，これを任意に変更するための指定文CVTTBLをつけ加えることができます．
a. まず，CVTTBL=/123456789・・・・・・と指定して，県番号1から9までを番号で，それ以外を点で表示させる．
次に，CVTTBL=/・・・・・・0123456789・・・・・・と指定して，県番号10から19までを番号で，それ以外を点で表示させる．
以下同様にして，47県の位置を5枚の図にわけて表示する．
b. aの結果を参照して，47県をいくつかのタイプにわけする．

問 題 1　　　　　　　　　　　　　21

　　　　c. 各タイプに対応するマークを CVTTBL で定め，それを使って三角図表をかく．

問9 付表 B.5.1 にもとづいて，食物の好みの地域差を見出せ．地域区分数が多いので，三角図表を使っておよその見当をつけた後，いくつかの典型的な県を選んで「どういう地域はどういう特徴をもつか」を説明すること．

問10 表 1.A.3 の情報（仮想例）を使って，過去の喫煙習慣と現在の健康状態の関係を示す図をかけ．

問11 表 1.A.4 の情報（仮想例）を使って，問 10 と同じ問題意識で図をかけ．ただし，表に付記してある注意書きを考慮に入れること．

表 1.A.3

喫煙習慣	健康状態		
	良	不良	計
なし	950	117	1067
あり	348	54	402
計	1298	171	1469

60 歳台の男性で喫煙習慣のない 1067 人と喫煙習慣のある 402 人について，6 年後の健康診断の結果をみた表である．

表 1.A.4

喫煙習慣	健康状態		
	良	不良	計
なし	950	117	1067
あり	348	54	402
計	1298	171	1469

60 歳台の男性について健康診断で良と判定された 1298 人と不良と診断された 171 人について，喫煙習慣の有無をきいた結果をまとめた表である．

問12 資料 35 には，週休 2 日制の実施状況を産業区分および企業規模別に比較する統計が掲載されている．この比較のために適当な図をかけ．

問題について

(1) 問題の中には，UEDA のプログラムを使って，テキスト本文での説明を確認するための問題や，テキストで使った説明例をコンピュータ上で再現するものなどが含まれています．
　　したがって，UEDA のプログラムを使うことを想定しています．

(2) UEDA の使い方については，本シリーズの第 9 巻『統計ソフト UEDA の使い方』を参照してください．

(3) 問題文中でプログラム○○という場合，UEDA のプログラムを指します．

(4) 多くのデータは，UEDA のデータベース中に収録されています．そのファイル名は，それぞれの付表に付記されていますが，それをそのまま使うのでなく，いくつかのキイワードを付加したものを使うことがありますから，問題文中に示すファイル名を指定してください．

(5) プログラム中の説明文や処理手順の展開が，本文での説明といくぶんちがっていることがありますが，判断できる範囲のちがいです．

(6) コンピュータで出力される結果の桁数などが本文中に表示されるものとちがうことがあります．

2 構成比と特化係数

構成比を比べる手段を組み立てるときに，それが，いくつかの数値の
セットになっていること，また，それぞれの大きさをよむための基準が
異なることから，特化係数を使うことが有効です．
　この章では，その定義と使い方を説明します．
　また，特化係数のグラフ表現についても説明します．

▷2.1　この章の問題

① 　前章では例示として，日本人の生きがい観に関する表0.1.1(例1)について，
その年齢区分間差異を見出す問題を取り上げました．そのために，表0.1.2のように
構成比を年齢区分ごとに計算し，それらを比較しました．
　この例のように年齢間差異が簡明な場合は，どんな方法を適用しても，その差異を
検出できるでしょうが，いつもそうだとは限りません．したがって，この章では，構
成比を比較して差を見出していく手順を，"客観的な手法"として組み立てることを
考えましょう．
　しばらく同じ例を使って説明した後，もう少しよみにくい例 (実効はその方がわか
る) を取り上げます．

▷2.2　特化係数

① 　まず表2.2.1に表示されている「数値の大きさの読み方」を考えましょう．
　表2.2.1は，表0.1.2の再掲ですが，説明を一般化するために，項目名とその区分
名を記号化しています．
　表には，値32が2か所あります．これらを「同じ大きさ」と解釈することは妥当で
しょうか．

2.2 特化係数

表 2.2.1 構成比の比較 ——（例 1）

項目 B の区分	項目 A の区分				
	T	A_1	A_2	A_3	A_4
T	*	35	20	22	23
B_1	*	41	45	14	0
B_2	*	47	37	11	5
B_3	*	45	18	18	18
B_4	*	32	8	24	36
B_5	*	24	4	32	40
B_6	*	22	4	35	39

項目 A は生きがい観，対象は男．項目 B は年齢．それぞれの区分は，表 0.1.2 参照．
＊は，比率の分母として使った箇所を示す．

　これらの数値は，回答区分のどれか 1 つを選択させた結果として決まる値です．したがって，質問用語や回答区分の定義に依存する数字です．
　このため，表の数字を縦方向にみる分には，同じ定義の数字の比較ですから問題ありませんが，
　　　　　横方向に比べるときには，列ごとに大小を判断する基準が異なる
のです．すなわち，回答区分 A_1 については，対象全体でみた場合 35 ですから，区分 B_4 の数字 32 は「ほぼ標準なみ」だとよみ，回答区分 A_3 については，全体でみた場合 22 ですから区分 B_5 の数字 32 は「標準以上」だとよむのです．
　② このような読み方を要するとすれば，表の数字を，そういう読み方が容易にできるような数字におきかえておくべきです．たとえば，
　　　　　「各区分でみた構成比」が「全体でみた構成比」の何倍にあたるか
を示すために，
　　　　　構成比の相対比
を計算しておきます．
　これを「特化係数」とよびます．
　例示したデータの場合，表 2.2.2 のようになります．
　③　これによって，

　　　特化係数がほぼ 1　　　　1 より大　　　　　　1 より小
　　　　→ ほぼ標準並み　　　→ 標準より大　　　→ 標準より小

とよむわけです．
　この読み方なら，縦方向にも横方向にも同等に適用できますから，表示された情報の説明が，しやすくなります．
　④　この特化係数は，各集団の特徴を摘出するためのステップとして計算したものであり，数値の細かい差を云々することは必要ありません．

表 2.2.2 特化係数 ——(例 1)

項目 B の区分	項目 A の区分				
	T	A_1	A_2	A_3	A_4
T	*	*	*	*	*
B_1	*	1.18	2.29	0.62	0.00
B_2	*	1.35	1.88	0.47	0.23
B_3	*	1.30	0.93	0.81	0.79
B_4	*	0.92	0.41	1.07	1.56
B_5	*	0.69	0.20	1.43	1.73
B_6	*	0.62	0.22	1.55	1.70

＊は比率の分母として使った箇所．表 2.2.1 で横方向の比率を計算し，表 2.2.2 で縦方向にみた相対比を計算している．

表 2.2.3 特徴パターン ——(例 1)

	A_1	A_2	A_3	A_4
B_1	・	++	−	--
B_2	・	+	--	--
B_3	・	・	・	・
B_4	・	--	・	+
B_5	・	--	・	+
B_6	−	--	+	+

パターン表示のための記号
  2.0〜   ++
  1.5〜2.0   +
  1/1.5〜1.5   ・
  1/2.0〜1/1.5 −
  〜1/2.0   --

したがって，「特徴を視覚に訴える」ために表 2.2.3 のように図示することが考えられます．特化係数の値を「5 段階評価値におきかえたもの」だといってもよいでしょう．

⑤ この表では，

  大きい方を"大きい"と"やや大きい"に，
  小さい方を"小さい"と"やや小さい"に

それぞれ二分し，表に付記した 5 区分のマークを使っています．

この記号は，この章全体を通じて使いますが，区切り値の方は，問題に応じて適宜工夫して，"データが示す特徴がよみとれるよう"に定めます．

なお，特化係数が比の形の指標ですから，大きい方の区切りと小さい方の区切りを "何倍，何分の 1" という形で対応するようにとります．

⑥ 以上述べてきた手続き，すなわち，

　　基礎データ ⇒ 構成比 ⇒ 特化係数 ⇒ パターン表示
　　（表0.1.1）　（表2.2.1）　（表2.2.2）　（表2.2.3）

と情報を整理していくことによって

　　"データが示す特徴を見出す"

のが，質的データの分析手法の骨組みです．

以下の各節で，この骨組みにいくつかの補助手段をつけ加えて，分析手法として使いやすいシステムにまとめ上げていきます．

⑦ 以上のプロセスに対応する数学的な記号表現を定義しておきましょう．

被説明変数を A，説明変数を B と表わします．質的変数であり，基礎データは区分別人数の形になっていますから，各区分に対応する区分番号 I, J を添字とする A_I，B_J で表わし，A の区分 A_I と B の区分 B_J の組み合わせに対応する人数を N_{IJ} と表わします．

被説明変数 A の区分数を K，説明変数 B の区分数を L とします．したがって，I は 1 から K，J は 1 から L までかわることになります．

分析の過程において"計"が必要です．計は，足しあげの対象とされる区分の添字を 0 とおきかえた記号で表わします．すなわち，

$$N_{I0} = \sum_{J}^{L} N_{IJ}, \quad N_{0J} = \sum_{I}^{K} N_{IJ}, \quad N_{00} = \sum_{I}^{K}\sum_{J}^{L} N_{IJ}$$

です．ただし，すべての添字が 0 のときは添字を略して，N とかきます．

構成比は

$$P_{I/J} = \frac{N_{IJ}}{N_{0J}}, \quad I = 1, 2, \cdots, K, \quad J = 1, 2, \cdots, L$$

$$P_I = \frac{N_{I0}}{N}, \quad I = 1, 2, \cdots, K$$

と表わし，特化係数は

$$P_{I \times J} = \frac{P_{I/J}}{P_I}, \quad I = 1, 2, \cdots, K, \quad J = 1, 2, \cdots, L$$

と表わします．

特化係数を N で表現すると

$$P_{I \times J} = \frac{N_{IJ} N_{00}}{N_{I0} N_{0J}}$$

となります．

この式の右辺のうち $N_{I0} N_{0J} / N_{00}$ は，調査事項 A の区分けと集団区分の基礎項目 B の区分けが"独立"，すなわち，"$P_{I/J} = P_I$ for all J"であるとしたときの"N_{IJ} の期待値"になっています．したがって，特化係数 $P_{I \times J}$ は，

　　N_{IJ} の観察値と期待値の相対比

だと解釈することもできます．

⑧ 以上の記号体系は，ひとつひとつの区分に対応するデータを指すものですが，1つの調査事項に対する反応を表わす1セットのデータ（情報）に対応する記号体系も必要です．そのレベルでの記号体系では，区分ひとつひとつに対応する添字のかわりに，区分けの基礎事項に対応する記号を添字として

P_A 　　　調査事項 A による区分に対応する構成比
$P_{A/B}$ 　P_A を，B による区分（部分集団）ごとに求めたもの
$P_{A \times B}$ 　A, B の関係を表わす表の特化係数

と表わします．

この記法では，基礎データ N_{IJ} を N_{AB} とかくことになります．

添字の中に × や / などの演算記号を使っていますが，その効用は後の章でわかると思います．

これらの記号体系では，添字に具体的な意味をもたせていることに注意してください．したがって，このテキストでは，添字を落として，行列記号を使うことはしません．

補注　構成比を比較する場合の暗黙の前提

2.2節では，「構成比を比べる」ために「特化係数を使う」とよいことを説明してきましたが，ここで補足しておきましょう．

構成比は各区分に対応する数値を1セットとして扱いますが，それを比べるとき，

　　　「各区分を対等に扱う」

ことになっています．いいかえれば，

　　　「頻度の少ない区分でみられる差も，頻度の多い区分でみられる差も対等」

に扱うことになっています．

こういう扱いを適用するときには，

　　　項目の区分が情報の表現方法として理にかなったものになっていること

が前提です．

このことは，「対等に扱うのはどうかな」と思われる区分が含まれているときには，この前提が問題となることを意味します．たとえば「無回答」や「わからない」といった区分については，それらが

　　　本来求めようと思っていた情報が得られていない部分だ

という意味で対等に扱わない（比較範囲から除外する）ことは，よく行なわれます．

また，どの集団区分でも少ない頻度しかもたない回答区分と，どの集団区分でも大きい頻度をもつ回答区分とを「対等に扱ってよいのか」という，ちょっと答えにくいコメントが出てくるかもしれません．これは，データにもとづく分析の中に，理念的な価値判断を導入することを意味します．そうすることを要請されるなら，分析手順の中で，ウエイトをつけて扱うという「高級戦術」を採用することになりますが，このテキストの段階では採用しないことにしましょう．

ここでは

　　　項目区分として設定したからには，それぞれを対等に扱うのが基本

よって，特化係数におきかえて比較するのが基本
だと理解しておきましょう．

◇ 注　特化係数の分母は，いわば「標準とみられる構成比」です．対象全体でみたときの構成比を使うものだと説明してきましたが，場合によっては，これとちがう基準を使ってもかまいません．たとえば「ある合意された目標値」があるときにはそれを使うとか，時系列データを扱うときには，初年次のデータを使うなどが考えられます．

ただし，後の章での分析手段の中には，特化係数の分母をおきかえることを積極的に考える場合があります．

▷ 2.3　分析手段としての構成・運用

① 2.2節で述べた手順をふりかえってみましょう．

その手順の中に，何点か自由裁量の余地がありました．そこの裁量いかんによって，データの特徴を"よりよく表現できる"のではないか … こういう問題意識です．自由裁量できる点として，次の3点があります．

(1)　パターン表示における特化係数の区切り値
(2)　区分の並べ方
(3)　区分数

これらについて，順次みていきましょう．前節の例を使って説明します．例示程度の小さいデータでなく，もっと区分数の多いデータを使うときに有効であり，また，必要なことです．ここでは，手法の説明ですから，小さい例をあげているのです．

以下では，"最初に取り上げたデータの範囲で"という前提をおいて考えます．別のデータをつけ加えると，それに応じてより多くのことを説明できるようになりますが，そういう扱いについては，後の節で考えます．

② 2.2節の表2.2.3では，特化係数を (2.0, 1.5, 1/1.5, 1/2.0) で区切って5段階評価値におきかえましたが，これを7段階にしたらどうか，また，同じく5段階でも，区切り値をかえたらどうかをみましょう．

表 2.3.1　区切り数を増やすと…──(例1)

	A_1	A_2	A_3	A_4
B_1	・	++	-	--
B_2	・	+	--	--
B_3	・	・	・	・
B_4	・	--	・	+
B_5	・	--	・	+
B_6	-	--	+	+

特化係数の区切り値
1/2, 1/1.5, 1.5, 2

⇒

	A_1	A_2	A_3	A_4
B_1	・	+++	--	---
B_2	+	++	---	--
B_3	+	・	・	・
B_4	・	---	・	++
B_5	-	---	+	++
B_6	--	---	++	++

特化係数の区切り値
1/2, 1/1.5, 1/1.25, 1.25, 1.5, 2

表 2.3.2 区切り方をかえると ——(例1)

	A_1	A_2	A_3	A_4			A_1	A_2	A_3	A_4
B_1	·	++	-	--		B_1	·	++	--	--
B_2	·	+	--	--	⇒	B_2	+	++	--	--
B_3	·	·	·	·		B_3	+	·	·	·
B_4	·	--	·	+		B_4	·	--	·	++
B_5	·	·	·	+		B_5	·	--	+	++
B_6	-	--	+	+		B_6	--	·	++	++

特化係数の区切り値　　　　　　　　　　特化係数の区切り値
　1/2, 1/1.5, 1.5, 2　　　　　　　　　　1/1.5, 1/1.25, 1.25, 1.5

表 2.3.1 は，1.25 と 1/1.25 を区切り値に追加して，7段階で表現したものです．

表 2.2.3 でははっきりしていなかった "区分 A_1 に対する反応" のちがいが，浮かび上がってきます．その点ではプラスですが，もともと24区分しかない情報を7段階に区切るのですから，全体としてのパターンはよみにくくなります．

③　5区分のまま，区切り値をかえてみましょう．

表 2.3.2 は，5 段階のまま，区切りを (1.5, 1.25, 1/1.25, 1/1.5) とかえた場合です．

5段階の各々に属するセル数をカウントすると，もとの区切り方では (1, 5, 10, 3, 5) であったものが，この図では (6, 3, 6, 2, 7) となっており，両極端を強調したパターン表示になっています．

したがって，特徴を見出す手段として，「どのあたりに区切りをおくと説明しやすいか」を考えて決めましょう．

"両極端にわかれる" と予想される場合は比較的簡単ですが，"徐々にかわる" と予想される場合には，選択の余地が多くて迷うかもしれません．"こうせよ" という指針がほしいと思う人があるでしょう．

④　値のバラツキを説明するある種のモデルを想定して，区切り値に関する基準を提唱することもできます (4.5 節) が，いつもそのモデルが適合するとは限りませんから，"こうせよと決めてしまう" ことはできません．

"データのパターンを浮かび上がらせる" という方針で，ケース・バイ・ケースに判断しましょう．

⑤　なお，区切り点を1に近くすると別の問題がからんできます．

どんなデータについても，サンプル数が少ないときには，実質的な意味をもたない変動 (ランダムな変動) の方が大きくなって，意味のある変動がかくされてしまうものです．

統計表はそういうことを避けるように，十分なサンプル数を使っているはずですが，たとえば特化係数を 1.1 にとっても「説明できるパターンが浮かび上がってこない」ようなら，ランダムな変動と識別できないとみて，分析を断念すべきです．

2.3 分析手段としての構成・運用   29

表 2.3.3 区分を並べかえると ——(例 1)

	A_1	A_2	A_3	A_4
B_1	・	++	-	--
B_2	・	+	--	--
B_3	・	・	・	・
B_4	・	--	・	+
B_5	・	--	・	+
B_6	・	・	+	+

⇒

	A_2	A_1	A_3	A_4
B_1	++	・	-	--
B_2	+	・	--	--
B_3	・	・	・	・
B_4	--	・	・	+
B_5	--	・	・	+
B_6	・	・	+	+

特化係数の区切り値　　　　　　　　　特化係数の区切り値
　1/2, 1/1.5, 1.5, 2　　　　　　　　　　1/2, 1/1.5, 1.5, 2

　これらのことに関するよりくわしい説明は，後の章で再論します．

⑥　次に，区分の並べ方をみましょう．

　表 2.2.1 の例における B の方は，年齢区分ですから，意味の上での順序をもちます．したがって順序を並べかえるのは不自然です．

　これに対し，A の方は，定義上"A_1, A_2, A_3, A_4 の順に並べるべきだ"という必然性はありません．

　したがって，データの側からみて"パターンがはっきりするなら，その順に"並べなおすことを考えてよいわけです．

　いまみている例では，A_2, A_1 を入れかえて，A_2, A_1, A_3, A_4 とする方が，パターンを簡明に表現するようです．

　表 2.3.3 をみてください．

　"B が $B_1, B_2, \cdots, B_6$ とうつるにつれて A が A_2, A_1, A_3, A_4 とうつっていく"模様がはっきりとよみとれます．年齢とともに，余暇⇒仕事⇒家庭⇒子供，と関心事がうつっていき，生きがいはという問いに，それが反映しているものと説明できます．

　この例のように考えれば，カテゴリー区分に対して，

　　　"データの側から順序を見出した"

ということができます．

　この観点にたってさらに洗練された手法（数量化の方法とよばれる）がいくつかあります．第 6 章で取り上げます．

　◆注　年齢区分は，順序をもっていても数量データではありません．生きがい観は質的な分類に対応しますから，仮に 1, 2, 3, 4 と番号をつけてあっても，それは分類コードです．

　　ただし，どちらの場合についても，データの変動を説明するための手段として，数量や順序を導入することは考えられます．

⑦　もうひとつは区分数です．例示のデータでは，A については区分の意味から，すなわち，それが"子供"であり，"家庭"であることから，A_3, A_4 が近く，これらを 1 つに集約することが考えられます．データのパターンでみても，A_3, A_4 は似てい

表 2.3.4 区分をプールすると……(例 1)

	A_2	A_1	A_3	A_4
B_1	++	·	−	−
B_2	+	·	+	−−
B_3	·	·	·	·
B_4	−−	·	·	+
B_5	−	·	·	+
B_6	−−	−	+	+

特化係数の区切り値
1/2, 1/1.5, 1.5, 2

$\Rightarrow$

	A_2	A_1	A_3+A_4
B_1	++	·	−−
B_2	·	·	−−
B_3	·	·	·
B_4+B_5	−−	·	·
B_6	−−	−	+

特化係数の区切り値
1/2, 1/1.5, 1.5, 2

ます．また，B については，データが示すパターンの方から B_4, B_5 が近いようです．意味の上からも"中年層"として 1 つにまとめてよいと思われます．

⑧　このように，
　　　　"データの意味"と"データが示すパターン"の両面から考えて，
　　　　　類似した区分を集約していけば，データの表現を簡明化できる
ことが多いのです．

例示の場合はもともと 4×6 という小さい表ですから，それ以上集約する必要はありませんが，規模の大きい表が提示された場合，この考え方で情報を集約していくことが有効であり，また，必要です．

もちろん，集約して"せっかくの情報がよめなくなる"ことのないよう，
　　　　データのパターンに注意しつつ，集約の仕方を決める
ことが必要です．したがって，
　　　　情報ロスを最小限におさえつつ，情報表現を縮約すること
を考えるのです．

これを，パーシモニィ (parsimony) の原理とよびます．統計的手法を組み立てるときの重要な原理の 1 つです．

こういう手法を組み立てることを，第 4 章で情報量という概念を導入した上，ひきつづいて考えていきます．

◆**注 1**　「パーシモニィ」という語は，一般の辞書では「けちんぼ」と訳されていますが，情報 (モノ) を使わずにためておくのではなく，情報のもつ意味 (モノのもつ価値) を残すことなくよみとる (使いきる) という意味 (それが本当のけちんぼ) で使っているのです．

◆**注 2**　このテキストでは，「パーシモニィの原理にしたがって情報を集約する」という場合，集約というかわりに「縮約する」という用語を使うことがあります．パーシモニィを動詞にした「パーシモナイズ」にあたる用語だと解釈してください．

◆**注 3**　第 6 章で説明する多次元データ解析は，パーシモニィの原理を採用したデータ解析手法です．

▶2.4 特化係数のグラフ —— 風配図による表現

① 1.5節で，構成比を表わすグラフとして「風配図」を説明しましたが，この形式は，特化係数についても適用できます．
　この形式の特徴は
　　　　1セットの情報（1.5節では構成比）の各成分を
　　　　放射状にえがいた軸に対応させて位置決めし，多角形をえがく
ことによって，
　　　　"形"として，1セットの情報を把握し，
　　　　"形のちがい"として各集団区分間のちがいを対比できる
ことです．
　そうして，比較しようとする集団区分数が多い場合(1枚の図におさめると識別しにくいので)，
　　　　各集団区分の風配図に，
　　　　標準区分の情報（どの図にも共通）を重ね書きしておき
　　　　標準区分の図を仲介役として
　　　　各集団区分の図のちがいを把握する
ことが考えられます．
　図2.4.1(a)は，図1.5.7のうち日本の部分です．細い線が，対象とした7か国全体でみた場合の構成比です．
　② これを標準とみて，「日本」の特徴をよめるのですが，もう一歩進めて
　　　　各集団区分の情報（構成比）と標準区分の情報（構成比）の比を

図2.4.1(a) 風配図による構成比
　　　　　　比較 ——（例6）

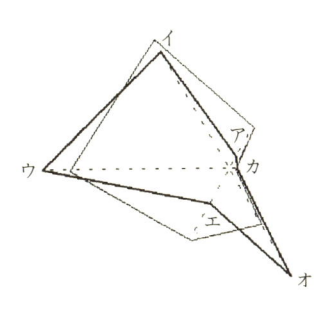

図2.4.1(b) 風配図による特化係数
　　　　　　表示 ——（例6）

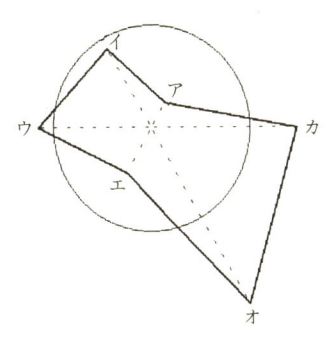

社会に出て成功する要因は，
　　ア：身分・家柄，　イ：個人の才能，　ウ：個人の努力，　エ：学歴，
　　オ：運・チャンス，　カ：NA．

風配図にえがく

ものとすれば，特化係数を図示したことになります．これが図2.4.1(b)です．
　いいかえると，全体でみたときの構成比を標準とみなし，それに対する倍率でみようとするのですから，

　　　全体でみた構成比の位置が基準円になるように
　　　目盛りをとって図示する

のだと理解できます．特化係数の定義に沿った表現法になっているのです．
　③　図2.4.1(a)をこの考え方で書き換えると，図2.4.1(b)のようになります．
　図2.4.1(a)では目立たなかった少数意見でのちがいがはっきりよめるようになります．
　特にかわったのは区分カですが，これはNAすなわち特殊な区分ですから別に考えることにしましょう．図の読み方として注目すべき点は区分オ(運・チャンス)です．構成比でみると，区分イ，ウ(個人の才能，努力)より少なかったが，他の国でも少ないために，特化係数の図では大きくなっています．いいかえると，構成比の小さい部分であっても，「他の国とのちがいをみる」という意図に対しては「ここに注目せよ」という示唆を与えているのです．
　図2.4.1の2つの図は，書き方は同じですが，例示のように，読み方がちがいます．
　読み方のちがいは，絶対尺度による表現と，相対尺度による表現とのちがいだと了解できます．
　すなわち，構成比の図では

　　　どの軸も構成比 $P_{I/J}$ そのものを図示している
　　　すなわち，人数に対する比率を共通の尺度として使っている

のに対し，特化係数の図では，

　　　各軸に構成比の各成分を図示していることは同じだが
　　　各軸ごとに，それぞれの成分での平均値 $P_{I/0}$ を基準とした相対値

を使って図示したことになっているのです．
　このため，

　　　「全体として低い区分は拡大し，
　　　　全体として高い区分は縮小して示すこと」

によって，どの区分についても，

　　　　　平均並みのところ　　⟺　円
　　　　　平均から外れた区分　⟺　円からの外れ

とよめるようにする，こういう効果をもたらす図になっているのです．
　④　回答数は少なくてもグループ間の差をみる上ではどの回答区分も同等のウエイトで扱うという趣旨だといってもよいでしょう．
　要するに，特化係数による比較の意図に即した表現になっているのです．

2.4 特化係数のグラフ —— 風配図による表現

　各軸とも1のところが基準ですから，目盛り円は半径1の円です．グラフの本体と区別するために点線にしてあります．形をみるのですから，目盛り値はいらないでしょう．

　⑤　このように，構成比についても特化係数についても同じ形式でえがくことができますから，そのちがいをはっきり意識して使いわけることが必要です．

　逆にいうと，そのちがいをはっきり意識しないで使うと，どちらの図かがわからず誤読をまねくおそれがあります．その意味では，構成比は帯グラフ，特化係数は「＋」，「・」，「－」などのマークを使った表示の方が無難でしょうが，使いわければ，有効な表現形式です．

● **問題 2** ●

問1 (1) (問題1の問1のつづき) 表 1.A.1 について，特化係数を計算し，それを手がかりにして，「生きがい観」の年齢別変化についてどんなことがよみとれるかを説明せよ．
(2) 同じ形式で女についてのデータが求められている(付表 B.3)．これを使って同じ手順で分析し，男の場合とどうちがうかを調べよ．
(3) 男のデータと女のデータを一括して(1つの表とみなして)，同じ手順で分析してみよ．
(4) (1), (2)の扱いでは指摘できず，(3)の扱いで指摘できるのはどんな点か．また，(3)の扱いでは指摘できず，(1), (2)の扱いで指摘できるのはどんな点か．

問2 プログラム CTA01E を使って，構成比および特化係数の意義と使い方に関する説明を復習せよ．

問3 付表 B.6 (ファイル DG10X) は，東京 23 区の住民の職種構成を示す．1960 年のデータについて，職種構成の似たところをまとめて5つの地域区分に集約せよ．集約の仕方は，23 区の各々について構成比と特化係数を計算し，それを手がかりにして定めるものとし，次の4つのステップにわけて扱うこと．
  a. プログラム PGRAPH02 を使って「構成比の帯グラフ」をかき，そのグラフを手がかりにして5つの区分にわけよ．
  b. プログラム PGRAPH02 を使って「構成比の風配図」をかき，そのグラフを手がかりにして5つの区分にわけよ．
  c. プログラム CTA02A を使って「特化係数のパターン図」をかき，そのグラフを手がかりにして5つの区分にわけよ．
  d. プログラム CTA02B を使って「特化係数の風配図」をかき，そのグラフを手がかりにして5つの区分にわけよ．

問4 付表 B.1.1 (DQ22) の 1978 年データについて，特化係数を参考にして，青少年の社会意識の国別差異を分析せよ．ここでは MA (重複回答を認めた計数) であることは考慮せず，回答延べ数に対する構成比をみればよいものとする．

問5 (問4のつづき) 回答区分のうち NA (無回答) を除き，それ以外の部分に注目するものとして特化係数の図をかき，それによって，青少年の社会意識の国別差異を分析せよ．

問6 付表 B.1.3 は，各国の青少年が「大学で学んだことをどう評価しているか」を

調査した結果である．これについて，国によりどんな差があるかを説明せよ．ただし，回答区分を MA で求めているので，次の2とおりの分析を行なえ．

    a. そのことを考慮に入れずに求めた特化係数でみた場合はどうか．
    b. そのことを考慮に入れて求めた特化係数でみた場合はどうか．

問7 (問3のつづき) 同じデータが新しい年次についても求められている．各年次分について分析をくりかえして，国別差異がどう変化したか（もしくは，変化していないか）を分析せよ．ただし，次の2とおりの扱いをしてみること．

    a. 同じ分析を年次ごとにくりかえして，それぞれの年次についてよみとれることを比較する．
    b. 2つの年次のデータを表2.A.1のように結合して分析し，それからよみとれることを説明する．
    c. 2つの年次のデータを表2.A.2のように結合して分析し，それからよみとれることを説明する．

表 2. A. 1 年次区分の扱い (1)

	1960 年のデータ 職種区分
地域 区分	
	1965 年のデータ 職種区分
地域 区分	

表 2. A. 2 年次区分の扱い (2)

	1960 年のデータ 職種区分	1965 年のデータ 職種区分
地域 区分		

この形に編成したデータは，ファイル DG10XB に記録されている．または，プログラム FILEEDIT を使って編成することもできる．

3 観察された差の説明 (1)

> 構成比の差として観察された情報を，どう説明するか … これは，数理の枠内で扱える問題ではないにしても，説明を期待する箇所を「探索していく」ところは「数理」と「解釈」の接点ですから，数理の側でも考えるべき点があります．
>
> この章では，その観点から，項目区分の仕方，DK や NA の扱い方，MA の形で調査したデータの扱い方を考えます．
>
> また，質問文の組み立て方が結果に大きく影響することを例示します．

▶ 3.1 観察結果の説明

① この章では，観察された差をどう説明するかという問題を取り上げます．

前章で説明した構成比と特化係数を使って，「差のある箇所を検出する」ことができましたが，ひきつづいて，検出された差異を「どう説明するか」を考えるのです．

ただし，ここで「説明する」という言葉についてコメントしておくことが必要です．

② **仮説主導型の説明** たとえば「こういう差が生じたのはこういう理由によると思われる」という形の説明を考えたり，「私はこう解釈する」という自説を展開する人も多いでしょう．

その説が「観察されたデータによって裏づけられたもの」なら，その説明を受け入れてよいのですが，「データによる裏づけの範囲をこえたもの」の場合は問題があります．

こういう説明を提示する前に，まずデータを求めて

　　　予想される説明が事実に合致しているか否かを確認する

ことを先行させなければならないのです．そうして，確認されたときには，「予想されたとおり説明できることが確認された」と結論づけた後，次のステップとして，

「さらに説明を発展させ，それを確認するための調査を行なう…」といった運びになります．
　この場合，予想される説明は，
　　　　「調査によって確認されるべき仮説」
であり，調査結果によって説明されるべきことは
　　　　「その仮説が確認されたか否か」
という判定です．
　このような観点で調査や説明を展開する立場を
　　　　「仮説主導型」
とよんでいます．
　この立場では，「データによって検証されない説を展開すべきでない」ということになります．あるいは，それは，それぞれの問題領域で扱うべきこととして，調査とその結果の説明の枠外におくべきことだとするのです．
　③　**データ主導型の説明**　　これに対して，調査を実施する場合に「仮説を特定することなく」(問題意識として想定するにしても説明の仕方に関しては白紙の立場で)計画し，
　　　　結果からよみとれることをくみとる
…こういう立場もありえます．
　この観点で調査や説明を展開する立場を
　　　　「データ主導型」
とよんでいます．
　仮説主導型の立場を採用すると，結果の説明は「仮説の当否の判定」という形で，「その方法を客観性をもつ形に組み立てる」ことができます．仮説検定論とよばれる方法です．
　データ主導型の立場を採用するときには，「データによる裏づけのある範囲で考える」のは当然ですが，その範囲で，できるだけ多くのことを説明しようと試みることになります．すなわち，30ページに述べたパーシモニィの原理を採用するのです．この場合，検討すべき仮説が想定されていないために，データの扱い方に自由度がありますが，全く自由だということではありません．「勝手よみ」にならないよう，そうして，「見落としのないよう」に，その手法を組み立てることが必要です．分析者の創意あふれる発想をおさえるわけではありませんが，その前に，
　　　　先見にひかれない形で，データに立脚していえること，いえないことを
　　　　客観的に識別せよ
という趣旨です．
　こういう趣旨に沿った説明を，「インタープリテーション」とよびます．
　④　このテキストでは，主として，データ主導型で説明を展開する方法を解説していきます．

この章では，調査の実施過程で発生する問題の扱い方を取り上げます．また，第4章以下では，第2章で述べた特化係数を手がかりにして，「データが語ることをよみとる手法」を構成しうることを解説します．

▷ 3.2 項目区分の仕方

① データにもとづいて検証するにしても，データから検出されることをよみとるにしても，データの求め方を考慮に入れることが必要です．特に世論調査や意識調査では，質問表の設計（質問項目の並べ方，質問用語，回答のまとめ方など）が結果に大きく影響しますから，自分で調査を実施する場合はもちろん，他の人が調査した結果を利用する場合にも，そのことを知った上でデータをよみましょう．勝手よみにならないように….

② まずこの節では，質問項目の取り上げ方，項目区分の仕方に関する問題を，典型的な例示を取り上げて，説明します．

表3.2.1は
「これからの子供はどの程度の教育を受けるとよいと思いますか．
男の子の場合はどうですか．」
という質問を男親，女親にきいた結果を，
親の学歴区分別に比較した表
です．

③ まずこの表における学歴区分の取り上げ方について考えましょう．

表頭におかれた区分は「子供に受けさせる学校種別」であり，表側におかれた区分は「親が受けた学歴区分」です．

したがって，たとえば表側では「旧制度の中学」と「新制度の中学」をわけてあります．そうして，旧制度の中学は，在学年数を考慮に入れて，「新制度の高校」と同一区分にしてあります．

表側の区分は，この観点で筋がとおったものになっています．

表 3.2.1 男の子はどの程度の教育を受けるとよいと思うか ── (例8)

回答者の学歴区分	人数	中学	高校	短大	大学	大学院	本人の意思だ	DK
小学校卒	100 (398)	1	27	3	28	0	27	14
旧高小・新中卒	100 (2357)	0	25	4	41	1	26	4
旧中・新高卒	100 (2730)	0	13	5	53	2	27	2
旧高専大・新大卒	100 (1361)	0	6	3	58	3	29	1
不詳	100 (114)	2	20	3	34	4	26	11

「女の子の場合はどうですか」という質問の答えも別に集計されている．

ただし，それで万全だとはいいにくいのです．
　戦前生まれの親の世代では中学まで進まない人がかなりありました．戦後の新教育制度ではほとんどの人が高校まで進みます．「自分はここまでの教育しか受けなかったから，子供にはここまで受けさせたい」といった気持ちが働く … その状況を観察しようという趣旨の質問では，「在学年数」で区分を決めるかわりに，「進学率」を考慮した区分けの方がよいかもしれません．
　また，より基本の問題として，「戦前生まれ」と「戦後生まれ」を同じに扱うことに問題があります．したがって，それらを別々にわけて作表することが必要でしょう．
　これがわけられていないとすると（表3.2.1の形では），

　　　小学校卒　　　　　…　戦前生まればかり
　　　旧高小・新中卒　　…　戦前生まれが多数
　　　旧中卒・新高卒　　…　戦前生まれが半数
　　　旧高専大・新大卒　…　戦前生まれはごく少数

となっています．
　いいかえると，「学歴区分」に「年齢区分」が混同された結果となっており，結果に差がみられた場合それを「高学歴かどうか」という観点で説明すべきか，親の世代差として説明すべきか判断できないのです．
　組み合わせ集計してしかるべき項目が取り上げられていない，よって結果について適正な説明ができない … よくある問題点です．
　④　表頭の学校区分は，当然，現在の学校制度に対応する区分によっています．
制度の区分はそれでよいにしても，「どこまで受けさせるか」をきくためには

　　　（義務教育である）中学までで十分
　　　（大多数の人がいく）高校までで十分
　　　（高学歴と位置づけられる）大学まで

という区分にする方が自然な形で答えてもらえるでしょう．
　回答数の分布状況からいっても，ほぼこの3区分でカバーできていることがわかります．ただし，「短大」については，「女の子の場合」についての質問で，「4年制でなく2年間の短大で十分」という答えがあると予想されますから，「短大」，「大学」とわけることは理にかなっています．
　項目区分を定める基準について，「制度」にこだわらず，
　　　　質問・応答の流れを想定した区分けを考えること
そうして，結果の一意的な説明が可能なように，
　　　　混同要因に配慮した組み合わせ区分を採用すること
に注意しましょう．
　この例8については，「本人の意思による」という区分，「わからない」という区分の扱いについて別の節で再論します．
　⑤　別の例として，各地域の住民がそれぞれの住所地の「暮らしやすさ」をどう評

価しているかを調べる問題を取り上げましょう．

暮らしやすさは種々の側面で評価されますが，「行政の対応による差」がありえますから，県別にわけてみることが考えられます．しかし，県内に環境条件の異なる地域を含む県の場合，それを1つにくくってしまうと，その地域差がかくされてしまいます．

したがって，県をさらに小さい区分にわけようということになります．

たとえば，NHKの県民意識調査(1979年と1996年)では，各県をそれぞれいくつかの地域区分にわけて結果を集計してあります．

この県民意識調査における「生活環境評価」のうち「バスや鉄道などの交通の便はよいですか」という問いに対して「よい」と答えた人の比率を県別に示したもの(表3.2.2(a))と，各県について県域を細分したもの(表3.2.2(b))です．

表には一部の県のみをあげています．くわしくは付表B.7.1あるいは資料23を参照してください．

千葉県，埼玉県の数字が東京の数字と大きくちがっていますが，県を細分してみると，東京よりの地域ではそれほどちがわないことがわかります．

また，京都府，大阪府，兵庫県の数字はほとんど同じですが，京都府の山陰側，兵庫県の山陰側の数字の低さがかくされていることがわかります．

表 3.2.2 生活環境の評価 ——— (例 25)

(a) 県別

地域	交通の便はよい	医療施設は利用しやすい
全国	67.0	67.8
北海道	72.4	68.5
青森	67.0	69.9
岩手	71.3	67.7
宮城	72.3	75.2
埼玉	48.8	50.6
千葉	59.2	58.1
東京	83.8	76.1
神奈川	72.1	65.9
滋賀	49.3	61.4
京都	73.1	73.4
大阪	76.1	72.0
兵庫	71.3	68.2
奈良	58.1	60.4
熊本	76.7	78.7

(b) 県内地域別

地域	交通の便はよい	医療施設は利用しやすい
埼玉県		
中央部	60.0	65.6
南東部	44.2	42.0
北部	42.1	46.3
南西部	50.7	49.3
千葉県		
北部	61.4	53.6
東南部	54.0	69.0
京都府		
市中	90.1	91.9
市北	79.3	70.4
市南	66.2	74.8
府北	56.9	65.3
府南	77.2	68.5
兵庫県		
神戸周辺	78.6	67.9
県東	74.5	66.3
県西	63.8	73.2
県中北	58.0	66.0

医療施設の利用しやすさについても，同様の傾向がみられます．

⑥ 県別の数字が利用しやすく，それを取り上げることが多くなりますが，こういう問題点がひそんでいることに注意しましょう．

こういう点を考慮に入れて地域性を把握しようとすると，大規模な調査が必要となります．簡単には実施できません．NHK の調査は，そういう意味でたいへん貴重な情報源です．1996 年に第 2 回の調査が実施されており，それと比較したいところですが，ここに取り上げた事項は調査されていません．

⑦ もうひとつ，埼玉県や千葉県内の東京から離れた地域，あるいは滋賀県の数字がたいへん低いことに注意しましょう．実態としてこれらの地域より交通の便がよくないと思われる県の数字よりも低くなっています．

交通の便がたいへんよい大都市が近くにあるがゆえに，「それと比べた低さ」がそういう評価につながったものと解釈されます．

意識の調査では，よくあることです．

◇ 注　評価を問う質問だから，「当然，ある基準を思いうかべて答える」ことになります．したがって，同じ状態であるのにもかかわらず，「低い基準を思いうかべた人は高いと評価し，高い基準を思いうかべた人は低いと評価する」という結果になることがありえます．

これを避けるために，「～と比べて」と基準を質問文中におりこむことが考えられますが，「その基準に異をもつ人の場合答えにくくなる」という副作用がありますから，いつも採用できる対処とはいえません．

したがって，一般には，本文で述べたように，地域区分の仕方を考えるなど，結果をよむ段階で注意しましょう．

▶ 3.3　わからない(DK)や無回答(NA)の扱い

① 世論調査や意識調査では，無回答を NA，「わからない」という回答を DK と略称します．ここでもこの記号を使いましょう．この節ではこれらの扱いを考えます．

分析の意図からいうとあってほしくないものですが，あちら(調査対象者)の事情などがあって，何% かの NA は不可避です．

また，取り上げる問題によっては，これらが大きい比率になることがあり，そうなる理由が重要な意味をもっており，無視できない場合がありえます．

② **無視してよいと思われる NA**　表 1.5.1(例 6)の場合には，NA はどの国についても 2% 以下であり，他の区分と比べ 1 桁少ないので，無視してよいでしょう．図 3.3.1(b)はこれを無視してかいた帯グラフです．これを含めてかいた図 3.3.1(a)と見わけがつきません．

同じデータを風配図の形で図示してみましょう．図 3.3.2 です．

これでみると，NA を除くと(図 3.3.2(b))，NA に対応する軸が除かれたことからきれいなパターンの図になります．帯グラフでみると NA を除いてもたいしたち

図 3.3.1 社会に出て成功する要因 ——(例 6)
(a) 「NA」を含めてかいた帯グラフ　　　(b) 「NA」を除いてかいた帯グラフ

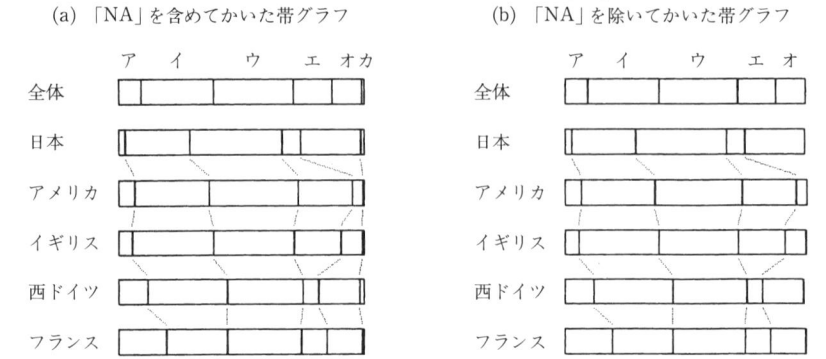

図 3.3.2 社会に出て成功する要因 ——(例 6)
(a) 「NA」を含めてかいた風配図　　　(b) 「NA」を除いてかいた風配図

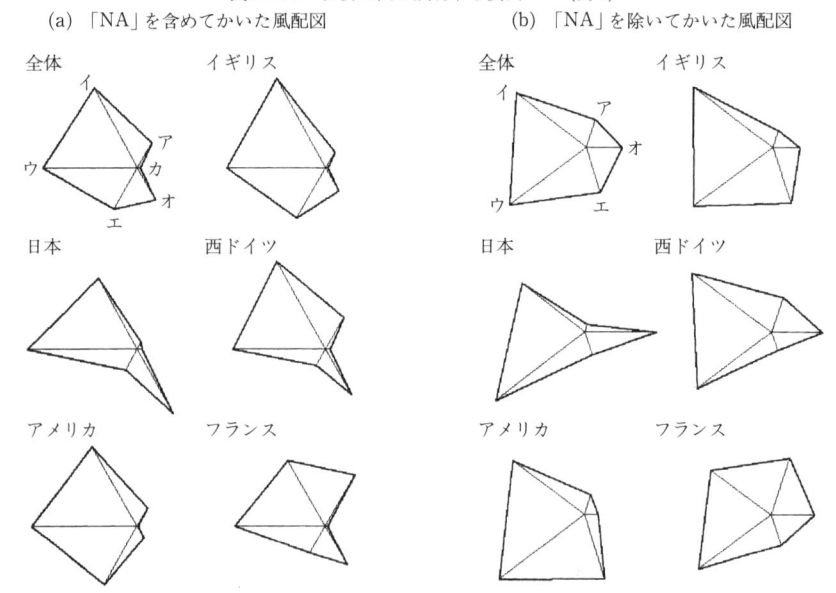

がいがないという印象を与えるのに対して，風配図でみると NA を除くと図がかわったという印象を与えます．図 3.3.2(a) と比べてください．

グラフは，分析結果をみせるという意義とともに，分析経過を説明するという意義ももちます．したがって，ちがった印象を与えるとすれば，その理由を考えることが必要です．

「NA を除く」ことは，その計数が小さくても「結果説明の過程として重要なアクションをとること」を意味します．したがって，分析過程の最初の段階では，「NA

の情報の存在をはっきり印象づけうる」風配図を使いましょう．その数が少ないなら，「NAを除くと決めた後」では，帯グラフ，風配図のどちらを使ってもよいでしょう．

③ **無視しにくい不詳**　この例のように，DKやNAの数が少なければ，それを含めて分析しても除いて分析しても「結果にたいしてひびかない」ことが多いのですが，いつもそうとは限りません．

前節の表3.2.1(例8)をみましょう．

図3.3.3は，この表の情報を「わからない」を含めて帯グラフにしたものです．不明の数が10％をこえる区分と1％程度の区分が混在していますから，そのちがいを無視することはできません．

この例では理由区分の方に「わからない」がありますが，対象者区分の方にも「不詳」があります．どんなタイプの人が答えなかったのかが，気になります．計数が114と少ないものの，その次に少ない「小学校卒」の398と同じオーダーです．

DKやNAの区分を
　　　　情報が得られていないのだから除外するよりほかはない
とすれば簡単ですが，計数が多い場合には，
　　　　「もしそれがある区分に集中しているとすれば結果がかわってしまう」
という可能性を考えると，そう簡単には扱えません．また，計数が少なくても，結果の説明に重要な意味をもっているかもしれない … と気にしだすと，除外すると決定する前に考えてみることが必要だとされるでしょう．

④ **「わからない」の素性をチェック**　「情報がない」といっても，注意してみれば手がかりがあるものです．

「わからない」の数字を含めて図示した図3.3.3をみましょう．

「学歴区分不詳」でみた情報と「学歴区分が小学校あるいは中学校」でみた情報とがよく似ています．

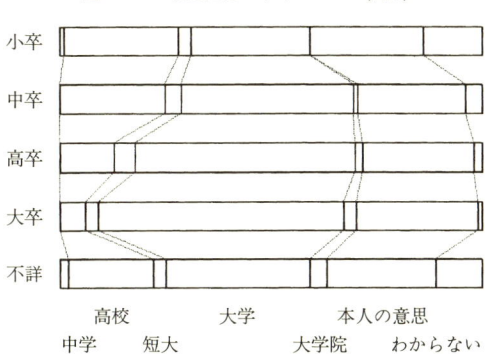

図 3.3.3　表 3.2.1 のグラフ ──(例 8)

理由はともかく,「学歴不詳」の区分と「小学校卒業」の区分を比べると,この調査項目に関して同じ反応を示していることがわかります.

ここから先は解釈ですが,
> 「小学校しか出ていない」ということを答えたくないために学歴を答えず,不詳になったのだ

という説明が成り立ちそうです.この解釈があたっているとすれば,多分「小学校までが普通」だった時代の人々でしょうから,年齢区分とクロスしてみれば,「小学校卒」と同様に,「不詳者」には高齢者が多いと思われます.

不詳の解釈が重要視される場合には,こういう集計をして,確認することが必要です.

⑤ **統計的ウソ発見機**　このように適当なクロス集計によって,NAやDKの内容を推察できることが多いものです.

こういう目的でのクロス表は「統計的ウソ発見機」とよぶことができます.この呼称を提唱したザイゼルという人のテキスト(木村定訳:数字で語る,東洋経済新報社)では,次のような例をあげています.

次は,原文の説明をほぼ原文どおり引用したものです.

次のような調査結果がある.これから
　　体罰を受けた経験のないものが過半数だ
といえると解釈できそうだが…

表 3.3.4　統計的ウソがひそんでいる例 ——(例30)

人数	体罰を受けた経験		
	ある	ない	覚えていない
859	282	412	165

「覚えていない」が多いが,165のうちの10%が「ない」なら,「ない」が過半数となる.

この解釈に対して,「覚えていないという回答が多いこと」と「覚えていないものが多いということ」とが一致するとは限らないので,「覚えていない」の構成を探るため,「両親とその他の人のどちらに信頼がおけるか」をきいた結果との「クロス表」をつくってみた.

すると…

表 3.3.5　統計的ウソ発見機の例 ——(例30)

どちらに信頼がおけるか	人数	体罰を受けた経験		
		ある	ない	覚えていない
両親	129	50	45	34
その他	124	32	42	50
答えない	47	18	13	16
計	859	282	412	165

「体罰の有無を覚えていないと答えたグループ」は，両親に信頼がおけるという回答が少ないことがわかった．このことから，「両親から体罰を受けたことをかくすために覚えていないという答えをした」のではないかという重要な反論を否定できないこととなる．「「ない」が過半数」という結論も保留すべきだということになる．

◇ **注**　統計的ウソ発見機という表現の提唱は，次の文献が最初だと紹介されている．
David Gold. "The Lie Detecter: An Application to … a Voting Study.", *Am. Soc. Review*, Vol. 20 (1955), p. 527.

⑥ **情報の求め方に問題がひそむ場合がある**　不詳が多く出る場合には，調査の仕方や結果のまとめ方の側に「そうなる原因がひそんでいる」ことも考えられます．そういう例をあげましょう．

表 3.3.6 (a) は，
「親が子供にどんなことを注意するか」
を，男の子に対する場合と女の子に対する場合とにわけて比べたものです．

これは，「親の子に対する態度」が「男の子に対する場合と女の子に対する場合とでちがうかどうか」をみようとした表ですが，ここでは，どの項目についても NA が多いことに注目しましょう．図 3.3.6 (b) をみてください．NA がこれだけ多いという結果では，その事情の究明なしで何を論じてもだめです．

なぜこのように多いのでしょうか．調査の結果がそうなっているなら，この表の数字をどう扱ったらよいでしょうか．

この例の場合は，男の子に対する態度と女の子に対する態度を比べようという意図でしょう．それなら，「無回答」の数字を除外して，「特に男の子に」の数字と「特に女の子に」の数字との相対的な大小をみることでよしという理由で，無回答を無視してもよい … こういう説が出るかもしれません．しかし，こういう扱いをするときには，そうしてよいことを示す説得力のある論拠が必要です．

この例の場合は，「それを除外せよ」と主張することができます．

この問いでは，
現に男の子と女の子の両方をもっている親でないと答えにくい
ことから無回答が多くなったのではないでしょうか．もちろん，子をもっていなくて

表 3.3.6 (a) 次のことを男の子に注意するか女の子に注意するか ——(例 31)

注意すること	特に男の子に	双方に	特に女の子に	NA
家事手伝い	5	9	53	33
帰宅時間	10	36	35	18
服装	6	36	26	32
進学	21	23	5	51
就職	13	30	6	51

図 3.3.6 (b) 表 3.3.6 (a) のグラフ表現 (1) ——(例 31)

家事手伝い
帰宅時間
服装
進学
就職

特に男の子に　特に女の子に
　　双方に　　NA

図 3.3.6 (c) 表 3.3.6 (a) のグラフ表現 (2) ——(例 31)

家事手伝い
帰宅時間
服装
進学
就職

特に男の子に　双方に　特に女の子に

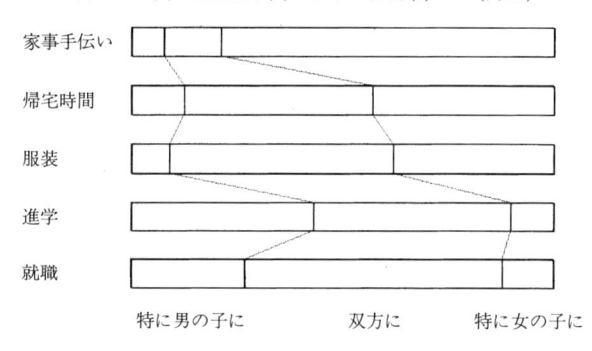

も,「子をもっているとすればどうか」を答えてもらおうという趣旨だったのかもしれませんが(報告書をみていませんので確認できません),結果の数字の解釈としては,限られた年齢層の子供について問題とされる事項で無回答が多いことなどから,
　　　　私に関係のない質問だから回答しない
という結果になったものと判断すべきでしょう.
　そう考えると,これらの表の数字をそのままグラフにするよりも,NAは除外して,たとえば図 3.3.6 (c) のように表わす方がよいという結論になります.
　この例の NA は除くべき NA だということです.
　⑦　次に,「双方に注意する」という回答の扱いを考えましょう.
　これは,「男の子に」という回答と「女の子に」という回答の中間に位置づけられる回答です.その意味では,「男の子に ⇔ 双方に ⇔ 女の子に」と一線上に並べるべき区分(いいかえると,順序をもつ区分)です.
　しかし,「男の子」,「女の子」とわけて接するのはよくない,だから「双方に」と答えたものとすれば,「男の子」,「女の子」という区分とは異なる次元の回答区分だと

3.3 わからない(DK)や無回答(NA)の扱い

図 3.3.6(d) 表 3.3.6(a) のグラフ表現 (3) ——(例 31)

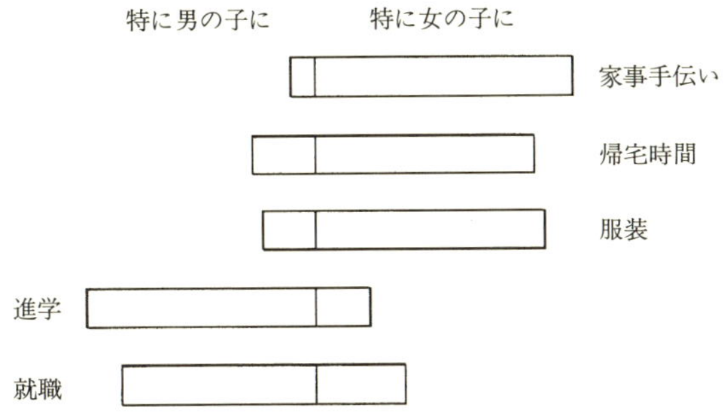

```
       特に男の子に    特に女の子に
                  ┌────┬──────┐
                  │    │      │      家事手伝い
                  └────┴──────┘
                ┌──────┬────┐
                │      │    │        帰宅時間
                └──────┴────┘
                    ┌────┬────┐
                    │    │    │      服装
                    └────┴────┘
        ┌──────────┬──────┐
  進学  │          │      │
        └──────────┴──────┘
        ┌──────┬──────────┐
  就職  │      │          │
        └──────┴──────────┘
```

解釈されます.

こう考えると,「双方に」の扱いを「男の子」,「女の子」の扱いとかえよということになります.

ただし,論点を「男の子に対する態度と女の子に対する態度のちがいをみる」という面に限るなら,図 3.3.6(d)のように,「双方に」を除いた図でみてよいといえます.

⑧ 次元のちがう回答を除いてみることができるか もう一度最初の例にもどりましょう.

図 3.3.3 における区分中に含まれる「本人の意思による」は,「調査者が設定した回答区分」のひとつです.

親が子にどうせよというよりも,「本人の意思で決めさせることが大切」という考え方がありうる,そうして,そういう人に「子供に期待する学歴区分を答えてもらいにくい」….また,「本人の意思による」という回答の比率自体が分析対象となるべき重要な情報だということです.

しかし,分析の視点はさまざまありえます.たとえば結果的には,「高学歴の親の子は高学歴になる」ことがありうるでしょう.また,「本人にまかせるにしても,こうあってほしい」という気持ちをもっているかもしれません.こういう観点では,「本人にまかせる」という回答を別に分析するものとして,図 3.3.7 のように,それ以外の部分での構成比を図示してみることが考えられます.

こうすることによって,「親の学歴」と「子に期待する学歴」との相関関係がはっきりとよみとれます.図 3.3.3 と比べて,このことを確認してください.

⑨ 一般化すると,回答区分として列挙されている区分の中に,次元の異なるものが含まれている場合に,この例のような扱い方を考えることが必要となるのです.

図 3.3.6(c)における「双方に」も次元が異なる可能性があると思われますが,あるとしても,「男の子」,「女の子」という回答区分に並ぶものとして回答したケースと混在しているとみるべきでしょう.

図 3.3.7 「本人の意思による」を除いて比較 ――― (例 8)

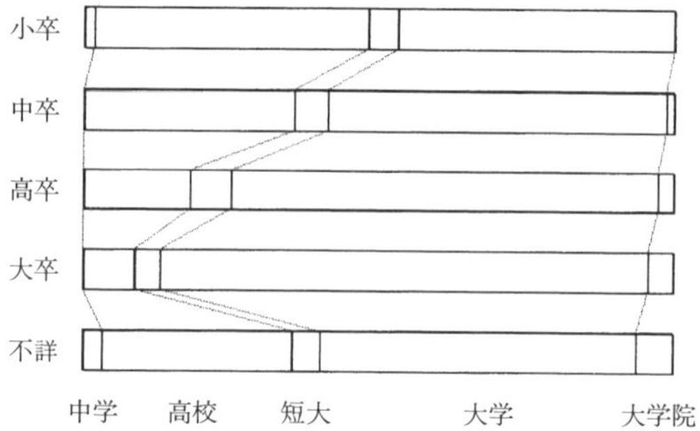

```
小卒  ┃     ┃   ┃           ┃
中卒  ┃    ┃  ┃              ┃
高卒  ┃  ┃                    ┃
大卒  ┃┃ ┃                     ┃
不詳  ┃    ┃ ┃                 ┃
     中学  高校 短大    大学    大学院
```

このように「回答区分」に対する反応に「いくつかの異なった次元の回答が混じっている」場合，それらを見わける方法が必要です．「多次元データ解析」とよばれる分野の中にいくつかの方法があります．このテキストでは第 6 章でその概要を説明します．また，本シリーズ第 8 巻の『主成分分析』を参照してください．

▶ 3.4 複数回答(MA)の扱い

① **MA 方式**　　各国の青少年を対象とする調査において，次の質問をしています．

「あなたは，学校でどのようなことを学んだり，経験したと思いますか．このカードの中であてはまると思われるものを，いくつでも選んでください．」
　　a. 専門的な知識を身につけた
　　b. 職業的技能を身につけた
　　c. 一般的・基礎的知識を身につけた
　　d. 自分の才能をみつけ出し，それを伸ばすことができた
　　e. 先生と個人的接触をもつことができた
　　f. 友人と深い友情で結ばれた
　　g. 自由な時間を楽しむことができた

このように，回答区分の 2 つ以上をあげることを許す形で調査する調査方法を「複数回答」または「マルティアンサー方式」(MA 方式) とよびます．この節では，まず，こういう方式で求められた情報の扱い方を考えましょう．そういう調査方式を採用する意味については，次の節で問題とします．

② 表 3.4.1 は，この結果のうち，日本とアメリカの分です．
この結果をグラフにしましょう．
この場合，「各回答肢を選んだものの合計」が 100 をこえることになりますから，帯グラフや円グラフで表現することはできません．回答延べ数を 100 とする構成比を

3.4 複数回答(MA)の扱い

表 3.4.1　学校で学んだこと (MA) ——(例 5)

	対象者数	延べ回答数	回答分布(100人あたり)						
			a	b	c	d	e	f	g
日本	1048	2428	38.1	17.8	51.9	14.3	9.8	60.6	47.8
アメリカ	971	3836	36.3	40.8	78.9	52.5	39.8	72.0	60.9

使うなら帯グラフや円グラフで表現できますが，MA 形式で回答を求めた趣旨からいうと，そうしたくないのです．

③ **MA の情報をグラフの上でどう表現するか**　そこで，MA の場合のグラフはどのように表わすかを考えることが必要です．

風配図を使うことができるのです．

風配図の場合，各回答肢の選択比率の計が 100 だという条件を使っていなかったことを想起してください．

表 3.4.1 の情報を風配図に表わしたものが，図 3.4.2 です．

MA の場合，重複回答の大小に応じて，各回答区分の比率がかわります．日本と比べてアメリカの図が大きくなっているのはそのためです．表 3.4.1 でみたように，延べ回答数が 2428，3836 でしたから，回答者 1 人あたり 2.4，3.8 となっており，このちがいに対応して，アメリカの図が日本の図より大きくなっているのです．

回答延べ数に対する割合を同じ形式で示した図 3.4.3 と対比してください．

④　それぞれの国のグラフは，どちらの図も同じ形になっています．ただ，形が「重複度に応じて大きくなっているだけ」です．

しかし，そうなっていることに疑問をもつべきです．

重複度は，当然，回答区分によって異なっているでしょう．「どの項目とどの項目とを重複しているか」を示す表が集計されていませんから，そのことがわからない，

図 3.4.2　回答数 (MA の場合) の風配図 ——(例 5)

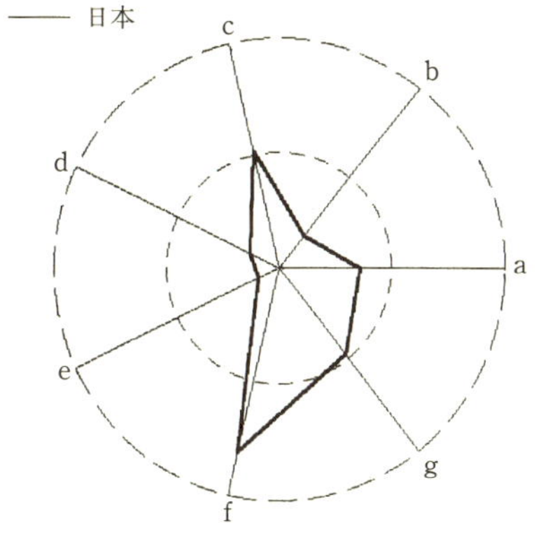

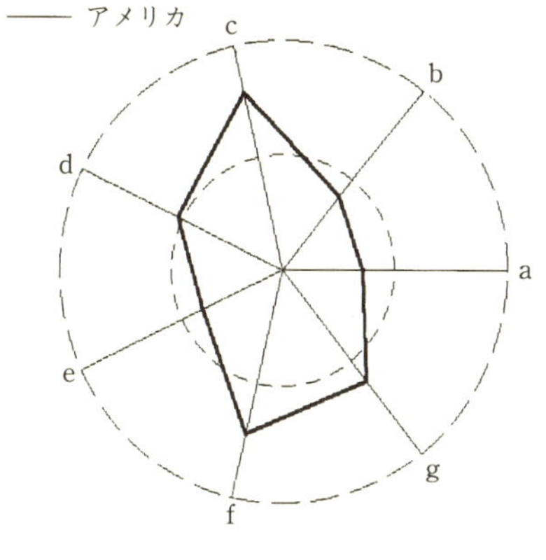

そのため，どの項目についても平均して，拡大された結果になっているのです．

こういう粗い扱いになっているにしても，日本とアメリカの情報を比べる場面では，MAであることを考慮した図3.4.2でみた場合と，それを考慮していない図3.4.3をみた場合とでちがうことに注意しましょう．

たとえば

   図3.4.2でみると

   日本はアメリカと比べ，回答区分b, c, d, eをあげるものが少なく

      回答区分a, f, gについては差が小さい

とよめますが，

   図3.4.3でみると

   日本はアメリカと比べ，回答区分b, d, eをあげるものが少なく

      回答区分a, fをあげるものが多い

とよめます．

図3.4.3 回答者数の構成比(MAの場合)の風配図──(例5)

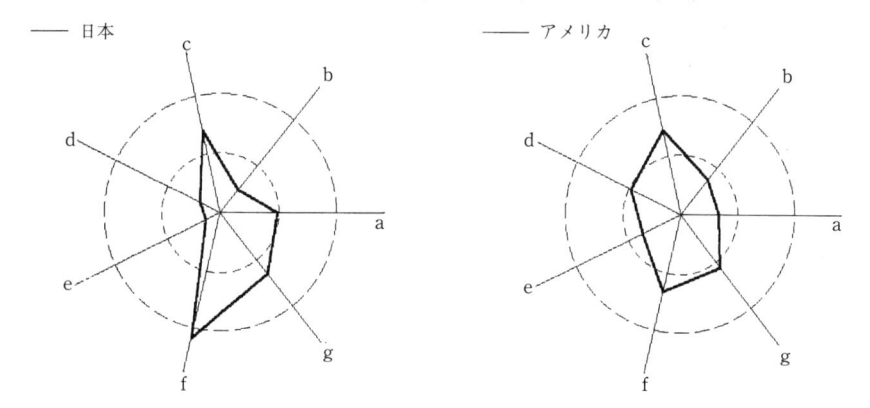

⑤　このちがいは，この質問で把握しようとした「大学に関する態度のちがい」に，この種のアンケート調査一般に対する「意見表明の積極性のちがい」が重なった結果になっているのです．

「大学に関する態度のちがいをみる」という目的に対しては，図3.4.3でみるのが普通でしょう．

前述のように，回答区分ごとに重複度が異なることを考慮に入れるなど，よりくわしい分析が必要ですが，このことについては，3.5節で説明をつづけます．

ここでは，2系統の数字の使いわけが必要とされる典型例を，もうひとつあげておきましょう．

⑥　「賛成・反対と二分したい」，しかし，その理由を考えると賛成あるいは反対と

まとめにくい … そういう場面があります．

そういう場面では，賛否をきく質問と，その理由を MA できく質問を併用します．

そうしておけば，賛・否と二分した見方をするか，理由を考慮に入れた多面的な見方をするかを，結果の利用の段階で選択できます．あるいは，併用できます．

どちらにしても，2とおりの数字を使いわけることが必要となりますから，そのことに関する注意点をあげていきましょう．

⑦ 次の表3.4.4（例11）は，学校に関して不満をもっている人にその理由をきいた結果です．

⑧ **人数でみた比率，回答数でみた比率**　　この例では

　　レベル1：　満足，不満足の区分
　　レベル2：　不満足の理由

と2段階になっています．したがって，この2つのレベルに対応する比率を計算できますが，さらに，レベル2については，

　　各回答区分をあげた人の比率（比率2，分母は調査対象者数）

と

　　回答区分全体を通してみた回答理由分布（比率3，分母は回答延べ数）

の2とおりが考えられます．

また，2つのレベルの数字を組み合わせて，こういう理由で賛成した人は○％だという見方をすることもでき，その場合も2とおりの比率が計算できることになります．

表には，これらの比率を計算して示してあります．

たとえば

表 3.4.4　学校に対する満足度と不満の理由 —— (例11)

	人数	比率1	比率2	比率3
調査人数	1391	100.0		
学校への満足度				
満足	478	80.4		
まあ満足	636			
やや不満	213	19.6	100.0	
不満	61			
不明	3			
不満・やや不満の理由 (MA)				
回答延べ数	397		144.0	100.0
施設のこと	52		19.0	13.1
友人のこと	35		12.8	8.8
先生のこと	100		36.5	25.2
授業内容など	137		50.0	34.5
サークル活動	37		13.5	9.3
その他	36		13.1	9.1

「授業内容など」に不満がある人は 50% だ

と，比率 2 を使って説明するのが普通です．

これに対して，理由区分全体をみてどんな理由による不満が多いかをみるには，

「授業内容と先生に関する不満が多く，両者で 60% に達している」

のように，比率 3 を使って説明することも，

「授業内容と先生に関する不満が多く，それぞれ 50%，37% の人がそれをあげている」

のように，比率 2 を使って説明することも考えられます．

この節では，これらの比率の使いわけについて考えていきましょう．

⑨ これらの比率の基礎数字は計が 100 という制約のつかない度数ですが，それをもとにして計算した比率 2 と比率 3 とは，統計数字のタイプとしてちがいがあります．

すなわち

比率 3 は，回答度数の計を 100 とする比率，すなわち，構成比

比率 2 は，対象人数を 100 とする比率だが，計が 100 という制約がつかない比率，すなわち，相対比

です．

したがって，数字のタイプという観点では，人数をベースにするか，回答延べ数をベースにするかのちがいだということができます．

まずここをはっきりして，②で述べたように，2 とおりの数字を使いわけましょう．少なくとも次のような誤読を避けること．

> 比率 2 の誤読例
> 「足して 87% だ」

この質問は MA ですから，足しあげると，両方をあげた人が二重に計算される結果となります．したがって，MA によって求められた情報については，人数あたりの相対比でみましょう．

> 比率 3 の誤読例
> 「過半数 (60%) の学生が授業内容あるいは先生に不満をもっている」

60% の母分は学生総数ではありません．また，「不満ありと答えた学生の総数」でもありません．「不満ありと答えた学生があげた不満理由の延べ数」です．

⑩ ここまでのところでは，比率 2 と比率 3 とは相対的な大小関係は同じです．

しかし，理由区分が相互に独立していない場合，すなわち，たとえば理由 1 が選ばれると理由 2 は選ばれる可能性が低くなるなどの関連性があるときには，

1 つの区分を選択させたときの結果と，

2つの区分を選択させたときの結果が一致しないことになります．

このことから，結果の読み方が難しくなりますが，まずは，こういうちがいがあることをはっきり意識しましょう．

▶3.5 複数回答(MA)の情報の解釈(1)

① 前節で注意した MA の数字の扱いでは，構成比を「人数ベース」でつくるか，「回答数ベース」でつくるかのちがいが問題になりました．いいかえると，構成比の分母の選択にかかわる問題でした．

しかし，これは形式的な言い方です．実質的には，問題の見方を想定した上，その見方をするにはどの形式を採用するかを考えるべきです．

この節では，その一例として，

「賛否の理由」を考慮に入れて「賛否区分」を細分する

という見方を採用できる例をあげましょう．

② 前節の表 3.4.4(例 11)をひきつづいて取り上げます．ただし，表 3.4.4 の形の情報がいくつかの対象区分別(たとえば男女別)に求められており，それを比較するものとしましょう．次の表 3.5.1 です．

③ この表の読み方が難しくなるのは，「理由区分の比較」と，その上位区分にあたる「不満とした人の数の比較」とが関連をもっている可能性があるからです．

そうして，そのことにともなって，表に計算して示してある

比率1，比率2，比率3の使いわけ

表 3.5.1 学校に対する不満の男女別比較 ――(例 11)

	男	女	比率1		比率2		比率3	
調査人数	754	637	100	100				
学校への満足度								
やや不満・不満	155	119	21	19	100	100		
不満・やや不満の理由(MA)								
回答延べ数	209	182			135	153	100	100
施設のこと	23	29			15	24	11	16
友人のこと	17	18			11	15	8	10
先生のこと	48	52			31	44	22	29
授業内容など	81	56			52	47	38	31
サークル活動	20	17			13	14	10	9
その他	20	10			13	8	10	5

比率1：不満をもつと答えた人の割合
比率2：各不満理由をあげた人の割合
比率3：各不満理由の相対頻度を表わす比率

を考えることが必要となってくるのです．

　形式的にいえば，これらはそれぞれ

　　a．「不満またはやや不満をあげた人の比率」の比較
　　b．「不満の理由としてあげられた回答の延べ数」の比較
　　c．「不満理由の区分別構成比」の比較

という視点に対応するのですが，そう簡単にわりきることができるでしょうか．そこを問題とするのです．

④　表3.5.1の場合について考えてみましょう．

　たとえば不満の理由の男女差をみるために比率2（または比率3）を使うと，

　　　　男女とも，「授業内容のことがトップで，先生のことがそれにつづく」
　　　　女の場合，この2点をあげるものの数がほぼ同じになっている

といった説明ができそうです．この例では，

　　　　不満だといっている人の割合が

　　　　男の場合21％，女の場合19％とほぼ同じ

ですから，比率2または比率3をみるときに，その上位概念にあたる比率1を考慮外においてよい … そのために上のようによめたのです．

⑤　しかし，「不満またはやや不満」と答えた人の割合に差がある場合や，その大小と，「不満の理由」の分布とがなんらかの相互関係をもっている可能性があります．たとえば，不満だという人は少ないが深刻な理由をもっている場合もあるでしょうし，不満という人は多いがそれほど深刻な理由ではない場合もあるでしょう．

　そういう場合に，比率2あるいは比率3の比較を，比率1の比較と切り離して進めてよいとはいいにくいので，データの読み方がめんどうになります．

　そういう例をあげましょう．年齢18〜24歳の男女を対象とする「第4回世界青年意識調査(1988年)」の中で家庭生活についての満足度と不満の理由を調べた結果を集計したものです(例3)．

表3.5.2(a)　家庭生活についての満足・不満足

満足・不満足	日本	アメリカ
対象者数	1082	1034
1　満足	33.0	75.4
2　まあ満足	41.0	16.0
4　やや不満	16.3	3.6
5　不満	5.6	4.8
3　NA	4.1	0.2

表3.5.2(b)　家庭生活について不満の理由(MA)

不満の理由	日本	アメリカ
対象者数	237	87
a　争いごとが多い	26.3	44.8
b　自分を理解しない	26.6	26.4
c　収入が少ない	36.7	39.1
d　近所の環境が悪い	11.0	4.6
e　家が狭すぎる	28.3	24.1
f　なんとなく	26.6	35.6

注：理由区分は一部省略．原資料には，他の国のデータもあります．

⑥　この結果をみるとき，質問の流れに対応して，まず「満足・不満足」に関する

3.5 複数回答(MA)の情報の解釈(1)

答えを比較し，次に，不満の理由を比較するのが自然な扱いですから，次のように2つのグラフをかきます．

図 3.5.3 (a) 家庭生活に対する満足・不満足 (比率 1)

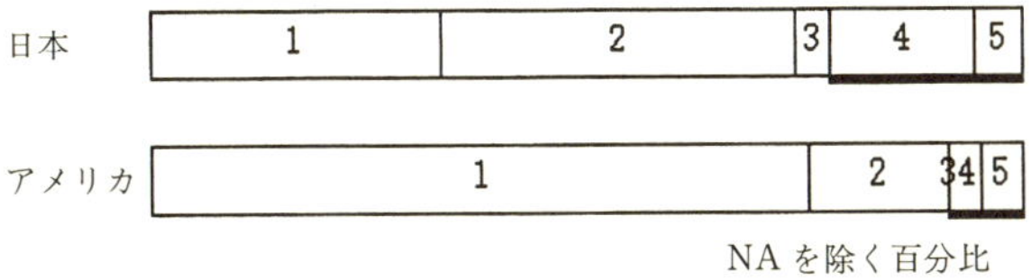

| 日本 | 1 | 2 | 3 | 4 | 5 |

| アメリカ | 1 | 2 | 3 | 4 | 5 |

NA を除く百分比

図 3.5.3 (b) 家庭生活に不満の理由 (比率 2)

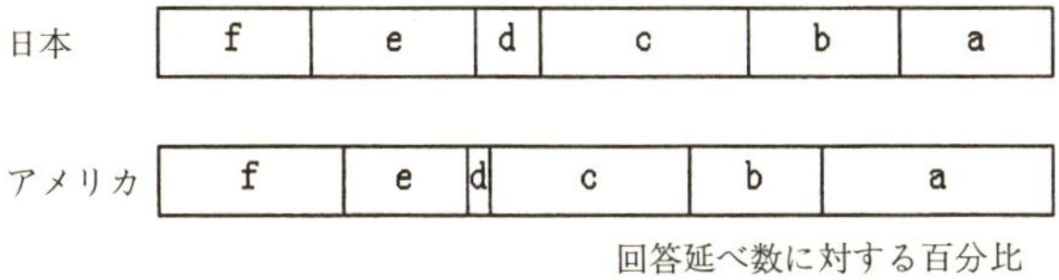

| 日本 | f | e | d | c | b | a |

| アメリカ | f | e | d | c | b | a |

回答延べ数に対する百分比

注：図 3.5.3 (a) で区分 4 および 5 の帯の下線を太くしているのは，次の図 3.5.3 (b) がその部分の内訳になっていることを示すためです．

しかし，④で指摘したように問題があります．たとえば図 3.5.3 (b) でみると，「アメリカの方が深刻だ（争いごとがあるという理由で不満をもっているものが多い）ことがわかる」といってよいでしょうか．

問題は，理由の質問をかける前の「満足・不満足」をきいた質問で「スクリーニングされている」ことと，不満の理由が「重複を認める形で調査されている」ことです．

表 3.5.2 (a) でみるとおり，不満という答えが，やや不満を含めて，日本では 21.9 % であるのに対して，アメリカでは 8.4 % に過ぎません．

したがって，端的にいうと，日本の場合「たいした理由がないのに，不満だ」としているものが多いので，「ただ何となく（項目 f）」とか，家庭メンバーの間の問題とはいえない「別次元の理由（項目 d や e）」が多くなっており，アメリカでは，「争いごとがある（理由 a）」など深刻な問題をかかえている人が対象となっているために，「深刻な理由」が多くなっているのです．

⑦ そういうことなら，「不満理由の構成比の比較」において，分母をそろえたとしても，同等の対象者について比較したことになりません．

したがって，
　　満足・不満足の質問の答えと不満理由の質問の答えを同列に並べて，
　　どちらも，調査対象者 100 人に対する比率の形で比較する
という代案が考えられます．

そこで，図 3.5.3 (a) の区分 4 および区分 5 のところに図 3.5.3 (b) の情報をおりこんだものが，図 3.5.3 (c) です．

図 3.5.3 (c) 家庭生活に関する満足・不満足とその理由 (比率 3)

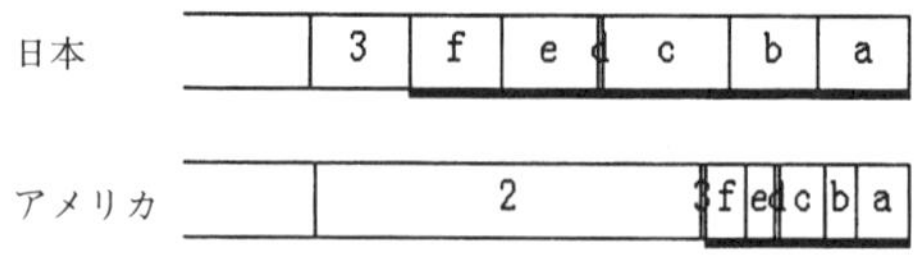

```
日本      |    3    | f |e|c| c | b |  a  |
アメリカ  |         2         |f|e|c|b|a|
```

不満の理由は、「不満、やや不満」の数に「不満理由の構成比」
をかける形で計算

　このグラフによって、
　　　日本では「理由はともかく不満だ」という答えが多いこと
がこれまでの図と同様によみとれますが、
　　　深刻な理由によって不満と答えた人の割合も、日本の方が多い
と、図 3.5.3 (b) でみた場合とちがう結果になっています。このことについてはさらに考えることが必要です。

　⑧　この例のように「理由の深刻度に差がある」とみなして扱うときには、その差を考慮外において、不満理由の回答肢を同列に扱うのでなく、それぞれの回答肢をあげた人の割合でみる方がよいでしょう。いいかえると、MA の扱いをせず、各回答肢を「それをあげたか、あげなかったか」という形で扱うということです。

　図 3.5.3 (c) の理由区分の部分について、理由 a だけを取り上げた形に書き換えたものが、次の図 3.5.4 (a) です。

　したがって、図 3.5.3 (c) における「不満」の部分を「理由 a によって不満」と、「理由 a 以外の理由で不満」とおきかえたものだとみることができます。

　⑨　これらの図における MA の扱いについて注意してください。
　たとえば回答区分の a をあげた人は他の区分をあげていても、あげていなくても、区分 a としてカウントしています。

　回答区分の f についても、他の回答区分を考慮せずにカウントしています。回答者ひとりひとりを「どれか 1 つの区分に含めるためにそうした」のですが、そうすることについては、
　　　回答区分 a については、それが「不満の理由として深刻な理由」だから、
　　　それ以外の理由を考慮せずに a とすることが妥当
であっても、
　　　回答区分 f については、他に深刻な理由をあげているのにかかわらず
　　　「なんとなく」という理由 f の方にカウントするのは不当
です。したがって、図 3.5.4 (c) は、図 3.5.4 (a) や図 3.5.4 (b) と同様に図示しましたが、結果の説明では採用すべきでない図です。

　このように、
　　　上位段階での比率に差があるとき、

3.5 複数回答(MA)の情報の解釈(1)　　57

図 3.5.4 (a)　理由区分 a に注目した表現

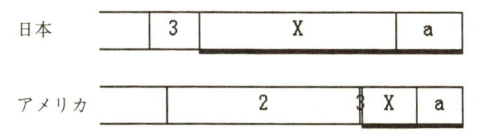

```
日本      | 3 |    X    | a |
アメリカ  |     2     |3| X |a|
```

　この図で区分 X としてあるところは，理由 a 以外を示しますが，MA ですから，正確にいうと，「理由 a をあげなかった人の割合」です．

図 3.5.4 (b)　理由区分 b に注目した表現

```
日本      | 3 |    X    | b |
アメリカ  |     2     |3| X |b|
```

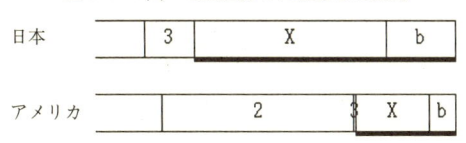

　図 3.5.4 (b) は理由区分 b について同様に図示したものですが，区分 X は，理由区分 b をあげなかった人の比率です．

図 3.5.4 (c)　理由区分 f に注目した表現

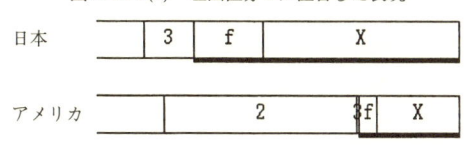

```
日本      | 3 | f |   X   |
アメリカ  |     2     |3|f| X |
```

　理由区分 f については，不満の深刻度が低い回答区分だと判断して，その位置を区分 X の左においています．f をあげなかった，すなわち，f 以外をあげた人がこの場合の X ですから，そうしたのです．

　それを考慮外において下位段階での比率だけで議論するのは，
　　　「誤読をまねくおそれがある」
ことに注意してください．これが，この例で指摘したいことです．
　⑩　質問の仕方の関係で主質問，副質問とわかれているにしても，結果の使い方としては同一レベルに並べた方が説明しやすいことがあります．
　そういう例をあげておきましょう．
　次ページの表 3.5.5 は，大都市のサラリーマンを対象とする調査(資料 24)で，仕事に対する潜在的欲求を調べた項目の結果です．
　この表では，主質問の回答 3 と副質問の回答 1, 2 を並列においています．すなわち，区分 1, 2 の比率の分母を「何か仕事をもちたいと答えた人の数」とせず，区分 3 と同じ分母，すなわち調査対象者数としています．
　これは，多分，次のように解釈したいためでしょう．

> **質問** 仮に一生働かないでも楽に暮らしていけるだけのお金があれば，あなたは，「遊んで暮らしたい」と思いますか．それとも，「何か仕事をしたい」と思いますか．
> （何か仕事をしたいと答えた人に）
> では，楽に暮らしていけるお金があっても，仕事をしたいのはどういう理由からでしょうか．

表 3.5.5 仕事に対する潜在的欲求 ——（例 16）

	男の年齢		
	20～34	35～49	50～64
調査対象者数（人数）	146	178	108
1. 自分の能力を思いきり発揮したいから	35.6	25.8	16.7
2. 人間は生まれた以上働くべきだから	27.4	38.8	38.0
（これ以外の働きたい理由の部分省略）			
3. 遊んで暮らしたい	18.5	15.7	10.2

東京圏（1982 年）

回答区分 2 は，かつての世代に固有の意識であり，
　　「歳をとってもそうかわらない」
のに対して，
回答区分 1, 3 は，新しい世代の人々の意識であり，
　　「歳をとるとともに，回答区分 1 から 3 へうつっていく」
ものと解釈できるようです．3 つの回答区分を並列したことによって，こういう傾向がよめるようになったのです．

> ◆ **注** ここで説明した変化は，戦前派・戦後派のような生まれた年によるちがい，すなわち「世代間格差」に対応する区分 2 と，年齢がかわるにつれて起きる「加齢変化」に対応する区分 1, 3 を識別した結果になっています．「年齢区分別」データの場合これら 2 つの要因が重なっていることが多いので，後の章で説明する「コホート分析」を適用することを考えます．

▶ 3.6 複数回答（MA）の情報の解釈（2）

① 前節につづいて MA の解釈の仕方を考えましょう．
　MA の形で調査するのは，回答区分として種々の可能性があると予想されるためです．したがって，回答区分をあらかじめ概念整理をせずに列記してあるのです．このことは，
　　結果をみる段階で回答区分の概念整理をしなければならない

表 3.6.1 社会に出て成功するのに重要なこと ——(例6)

国別	(a) 回答延べ数に対する比							(b) 調査対象者数に対する比						
	計	ア	イ	ウ	エ	オ	カ	計	ア	イ	ウ	エ	オ	カ
5か国の計	100	9	30	32	16	12	1	192	18	57	62	30	23	2
日本	100	3	27	37	8	24	1	183	5	49	68	14	44	3
アメリカ	100	7	30	36	22	4		195	13	59	70	43	9	1
イギリス	100	6	33	33	19	9	1	195	11	65	64	37	17	1
西ドイツ	100	12	33	31	6	17	2	185	22	61	57	11	31	3
フランス	100	20	25	30	10	14	1	189	37	48	57	19	27	1

ア：身分・家柄，イ：個人の才能，ウ：個人の努力，エ：学歴，オ：運・チャンス，カ：NA．

ことを意味します．結果の読み方が難しくなるのですが，そうすることによって，回答者の意識構造をありのまま把握できるという利点があるのです．

1.5節で取り上げた表1.5.1をみましょう．ただし，説明の関係上，表3.6.1の5か国に限ることにします．また，対象年次を1978年としています．

表3.6.1のうち(a)の部分は回答延べ数に対する比率，(b)の部分は調査対象人数に対する比率を計算したものです．

この例では

  回答頻度の大きい区分（ウ：個人の努力，イ：才能）で，国間の差が小さい
  回答頻度がそれにつづく（エ：学歴，ア：身分家柄）で，国間の差が大きい

ことに注意しましょう．

  国間の差異が「個人レベル」でなく，
  「社会レベル」の要因でみられている

ことを意味します．

② このような解釈を与えようとする場合（その意図はよいとしても），数字の差については，MAとして回答を求めているゆえの「よみにくさ」があります．

回答者が，回答区分の中に「個人レベル」の区分と「社会レベル」の区分が混じっていることを意識して

  まず，当然のことと思っている個人の努力，才能のいずれかをあげ，
  次に，こういうこともあるとして，レベルのちがう回答区分をあげた

のか，それとも，そこまで考えずに

  個人レベルの要因の2つをあげた

のか，集計結果では判断できません．

MAの場合，調査単位区分（この例では国別）には重複回答数のちがいがあることはわかります．

しかし，

  項目区分によって重複回答される可能性に差があることがわからない

ことが問題の原因です．

したがって，次のように「各項目をあげた比率」についての発言は，MA で回答を求めた場合については，必ずしも正しくないことに注意しましょう．

> **比率の誤読例**
> 社会に出て成功する要因が「個人の才能」だとする人は，「学歴」だとする人のほぼ2倍だ

このような見方を正しく行なうには，各回答区分が選択される可能性を考慮に入れることが必要ですが，そうするために必要な情報がないのです．たとえば，どの項目とどの項目とをあげたのかをクロスした集計表が用意されていれば判断できるのですが，それがなされている場合は少ないのです．

③ ここで取り上げた例（例14）については，次の形で質問した結果（資料22）がありますから，それを参考にして考えることができます．

> **質問**　「人の成功には，個人の才能や努力と，運やチャンスのどちらが大きな役割をはたしていると思いますか」
> 1. 個人の才能や努力
> 2. 運やチャンス
> 3. その他（記入）
> 4. わからない

表 3.6.2 人の成功に役割を果たすこと ——（例 14）

	計	1	2	3	4
日本	100	52	36	3	9
アメリカ	100	70	23	5	2
イギリス	100	56	32	8	3
西ドイツ	100	64	21	13	3
フランス	100	57	28	7	8

この質問では，「個人の才能，努力」か「運・チャンス」かを選ばせる形になっているため，この2側面についての意識が比較できる．

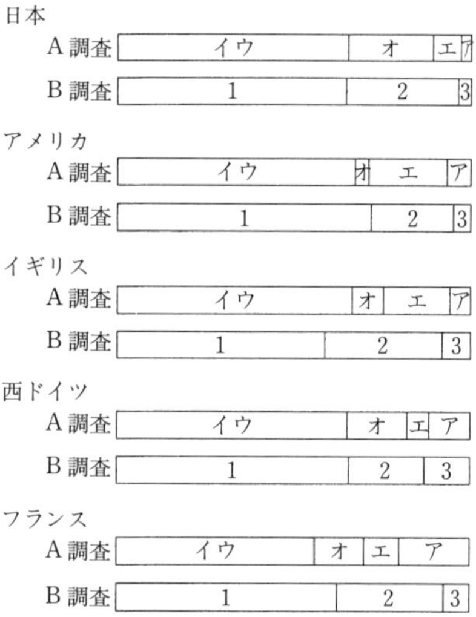

以下ではこれを B 調査，最初の表 3.6.1 を求めた調査を A 調査とよぶことにしましょう．

図 3.6.3 は，両調査の結果を対比するためのグラフです．A 調査の「その他」，B 調査の「わからない」を落としています．

④ 形式的には，次のように対応しています．

図 3.6.3 両調査の結果比較

日本
A 調査 [　イウ　｜　オ｜エ｜ア]
B 調査 [　　1　　｜　　2　　｜3]

アメリカ
A 調査 [　イウ　｜オ｜エ｜ア]
B 調査 [　　1　　｜　2　｜3]

イギリス
A 調査 [　イウ　｜オ｜エ｜ア]
B 調査 [　　1　　｜　2　｜3]

西ドイツ
A 調査 [　イウ　｜オ｜エ｜ア]
B 調査 [　　1　　｜　2　｜3]

フランス
A 調査 [　イウ　｜オ｜エ｜ア]
B 調査 [　　1　　｜　2　｜3]

3.6 複数回答(MA)の情報の解釈(2)

《A 調査，B 調査の区分の形式的対応》

- イ．個人の才能 ─┐
- ウ．個人の努力 ─┴─ 1. 個人の才能や努力
- オ．運・チャンス ── 2. 運・チャンス
- エ．学歴 ─┐
- ア．身分・家柄 ─┼─ 3. その他
- カ．その他 ─┘

調査結果でも，イ，ウと 1 とは，ほぼ対応しているようです．

しかし，オと 2 は対応しているとはいいにくい結果になっています．

アと 3 とが（フランスを除き）ほぼ対応していることから，A 調査のエが B 調査の 2 の方に含まれる結果となっているようです．

A 調査の区分のうち「個人の努力」+「才能」が「個人の努力でかえうる要因」という意味で 1 つにまとまり，「学歴」は「運・チャンス」とともに，「その他」の「個人の努力にかかわらない形で効く要因」という意味で，別のグループにまとまったものと解釈できそうです．

《A 調査，B 調査の区分の実質的対応》

- イ．個人の才能 ─┐
- ウ．個人の努力 ─┴─ 1. 個人の才能や努力……回答肢の上で一括されている
- オ．運・チャンス ─┐
- エ．学歴 ─┴─ 2. 運・チャンス…………回答者の選択で区別されていない
- ア．身分・家柄 ─── 3. その他

◆注 B 調査の「3. その他」という回答肢については，具体的な記述を要求していることから，これを選ぶ人は少なくなり，明示した 2 つの項目を対比し，どちらかを選ぶ結果となる可能性が高くなっていることも考えられます．

上のまとめについては 5 か国のデータについてみられる一般的傾向であり，国によって幾分ちがう点があります．

その第一は，日本の場合の学歴です．大学卒が多いということから，「学歴があっても，それだけでは効かない」という意味で，低い数字になったのでしょう．

その第二は，フランスの場合の身分・家柄です．A 調査のように陽な形で取り上げれば他国以上に大きく意識され，B 調査でも，「運・チャンス」や「学歴」と同じレベルで「個人の努力，才能」と対比される第二の区分になっているものと解釈できるでしょう．

⑤ この例のように，回答区分の間にある種の階層構造や異次元の区分が混在している場合（だから MA 方式を採用する），択一方式の場合の構成比のように簡単によむことは難しいのです．

また，回答者が調査者の想定した階層構造を考えて答えを選んでくれる場合と，そこまで深く考えずに答えを列挙する場合とで，結果がちがってくる … こういう可能性がありえます．

この例に限らず，質問用語や回答肢の受けとり方が異なるために，

「結果的にどういう意味の比較になっているか」

を考えなければならないのです．

このように考えると「結果の解釈」は，簡単ではありません．たとえば，関連する多数の質問項目への回答を総合して全体を通して一貫した説明を見出すこと，あるいは，そういう説明を見出すための「手法」を適用することを考えましょう．

◇注1 調査項目に対する回答肢をいくつか列記して，その中から「いくつでも」選べとする調査方式(方式A1)を採用する場合，列記する回答肢がそれぞれ「異なった次元での見方」に対応するものにすべきです．

回答肢の中に「同一次元の回答肢」が混じっていると，それらを同時に選択する人もあれば，もう1つ選ぶなら異なった次元の回答肢を選ぶ人もあるでしょう．

このため，調査結果について，「すべての回答肢を同一レベルのものとして扱うことができない」ので，結果の解釈が難しくなります．

◇注2 列記された回答肢が「異なった次元での見方」に対応するがゆえに，MA方式を採用するのですが，回答者が「すべての次元を考えた上で回答肢を選択する」とは限りません．したがって，たとえば「はっきりこうだという確信をもった答え」と，「こういうこともあるだろうという程度の答え」が識別されない結果になる可能性があります．このことを避けるために，「いくつでも」選択させる方式(方式A1)を，たとえば，「3つまで」のように制約をつける方式(方式A2)や，「いくつでも」とした上で「主なものに◎をつけよ」とする方式(方式A3)などの調査方式を採用することがあります．

◇注3 「異なった次元での見方」をはっきりと区別して答えを求めようという趣旨で，「この観点でそうなると思いますか」という形の一連の質問事項を設けて，それぞれについてYes, Noを答えてもらう方式(方式B)を採用することが考えられます．ただし，この場合も，注2に述べた「回答の確信度のちがい」を識別するために「わからない」を含めて，Yes, No, わからない，のいずれかで答えてもらう方式(方式C)にするのが普通でしょう．

◇注4 どの方式を採用するにしても，「調査対象者が調査に対してどこまできちんと考えて答えてくれるか」が問題です．また，「調査に応じてくれた人」と「応じてくれなかった人」との差異など，調査実施にかかわる問題がからんできますから，調査計画者の期待に合致した答えが得られているという前提で分析を進めるのは危険です．したがって，分析手段の中で，回答の信頼度などを識別することを考えなければならないのです．また，それが可能なように，調査方式(質問方式や調査対象選択など)を設計しておくことが必要です．

▷3.7 「どちらともいえない」の解釈

① 世論調査の結果を参照して，「これだけの人が賛成しているから〜すべきだ」

3.7 「どちらともいえない」の解釈

という論法を採用することがあります.「国民の意見を尊重して…」ということはよいにしても,保留しておきたいことがいくつかあります.

「結果の解釈はそう簡単ではない」ということです.また,「どこまで正確に測りうるか」という問題です.この章に共通する主題ですが,この節では,「どちらともいえない」などの形で調査されている場合について,その数字をどう解釈すべきかを考えてみましょう.

たとえば「賛成率」とか「支持率」という形で調査結果を要約しようとするときに,「どちらともいえない」の数字の扱いが問題となります.たとえばそれを賛成の方に含めるという扱いにも,賛成に含めないという扱いにも異論が出るでしょう.「賛否どちらともいえない→よって,それを除いて賛成率を計算する」… この方がよさそうですが,本当にそうでしょうか.

こういう問題です.

② 日本人を含む5か国の人々の意識を比べるための調査(国民性比較調査…資料22)で,次のような問いが取り上げられています.

> **質問1** 「世の中は,だんだん科学技術が発達して,便利になってくるが,それにつれて人間らしさがなくなっていく」という意見がありますが,あなたは,この意見に賛成ですか,それとも反対ですか. (例17)
> **質問2** 「小さいときから,お金は人にとって最も大切なものの1つだと教えるのがよい」という意見がありますが,あなたはこの意見に賛成ですか,それとも反対ですか. (例20)
> **質問3** 「あなたは自分が正しいと思えば,世間の慣習に反してもそれをおしとおすべきだと思いますか」 (例21)

これらの調査は,調査員の面接調査によっています.すなわち,調査員が対象者本人に面接し,上記の質問をよみあげ,対象者の答えが回答区分のどれにあたるかを判断して記録する方式によっています(意識調査では最も普通の方法です).

> **種々の調査方式**
> 面接調査1―調査員が質問文をよみあげ,被調査者に答えてもらい,用意してある回答区分のどれに該当するかを判断してもらう.
> 面接調査2―調査員が質問文をよみあげ,回答区分を印刷したカードをみせて,その中から該当する区分を選んでもらう.
> とめおき法―質問文と回答区分とを印刷した調査表をわたして,該当する回答区分にマークしてもらう.

これらの問いに対する答えは次のようになっています．

③　これらの表をみるとき,「一概にはいえない」あるいは「場合による」という回答をどう扱うべきかを考えてみましょう．

「いろいろの状況をよく考えると一概にはいえない」ことがあるのは事実ですから，こういう中間的な回答区分を設けるのですが，こういう回答区分に対する反応には，

　　　調査方法によるちがい

や,

　　　聞こうとする項目に対する答えとはいいにくいちがい

が現われるものです．

まず，例示でみるように，この区分の比率が国によって著しくちがっていることに注目してください．

このように「どちらともいえない」という数字が多い場合，「それをどうみるか」を考えないと，「賛成が多いとも反対が多いともいえない」結果となります．

表 3.7.1　科学技術と人間らしさ (質問 1) ―― (例 17)

	人数	賛成	反対	一概にいえない	わからない
日本	2265	44.6	9.9	39.3	6.1
アメリカ	1563	69.0	24.2	5.6	1.1
イギリス	1043	69.8	20.2	6.6	3.4
フランス	1013	60.6	29.0	7.0	3.4
西ドイツ	1000	68.6	14.5	13.2	3.7

表 3.7.2　お金は大切なものと教える (質問 2) ―― (例 20)

	人数	賛成	反対	一概にいえない	わからない
日本	2265	47.8	18.7	30.7	2.7
アメリカ	1563	16.6	78.4	4.1	0.6
イギリス	1043	21.1	73.8	3.7	0.8
フランス	1013	40.9	53.0	2.9	1.1
西ドイツ	1000	26.2	55.0	15.1	2.8

表 3.7.3　正しいと思ったことと世間の慣習 (質問 3) ―― (例 21)

	人数	おしとおせ	従え	場合による	わからない
日本	2265	19.2	25.7	52.0	3.0
アメリカ	1563	69.9	19.4	9.5	1.0
イギリス	1043	69.1	20.6	8.3	1.6
フランス	1013	75.2	14.6	5.9	3.9
西ドイツ	1000	52.7	16.9	27.1	3.2

3.7 「どちらともいえない」の解釈

表 3.7.4 調査方法の回答への影響

科学技術と人間らしさ(質問1)——(例17)

	計	賛成	反対	一概にいえない
面接方式	342	184	82	76
とめおき法	384	119	33	235

正しいと思ったことと世間の慣習(質問3)——(例21)

	計	おしとおせ	従え	場合による
面接方式	348	108	127	113
とめおき法	384	72	51	261

機械化と人間らしさ(質問4)——(例18)

	計	賛成	反対	一概にいえない
面接方式	342	148	111	83
とめおき法	383	104	80	199

　質問1については，「一概にいえない」を1つの回答区分として扱うと，日本の賛成率44.6%は5か国で最も低くなっていますが，この区分を「意見を表明しなかったもの」とみなし，これを除いて賛否の割合を再計算して比較すると，73.5%となります．この数字でみると，アメリカやイギリスなどより高くなります．
　このように，結果が大きくかわりますから，「どちらともいえない」をどう扱うかを考えることが必要です．
　もちろん，質問項目によってちがうでしょう．
　質問3の場合は，「場合による」という「世間への配慮を重視する日本人の国民性がはっきり出ている」という解釈を採用して，この区分を「意味のある回答区分」として，表3.7.3の数字をそのままの形で扱うのが妥当と考えられます．
　このように，問題ごとに「中間回答」の扱いを考えることが必要ですが，種々の質問に対する回答をみていくと，どんな問題でも
　　　　「日本人はこういう白黒をはっきりさせない答え」が多くなる
傾向が認められるという指摘があります．
　④　また，こういう質問は「調査方法によって著しく答えがかわる」典型例だという指摘もあります．
　統計数理研究所の研究調査(資料22)で，これらの質問を「とめおき調査」すなわち「調査表を対象者にわたして，読んで回答をかいてもらう方法」によって調べた結果(表3.7.4)と比較しています．
　その結果によると，どの問いの場合も，とめおき法の場合「どちらともいえない」あるいは「場合による」が著しく増えています．
　とめおき法の場合，調査表の上に質問文とともに回答肢が印刷されており，調査対象者に選択してもらう形をとっていますから，こういう回答区分にひかれてしまうこ

とは十分ありうることです．

いずれにしても，調査方式の選択いかんによって，このように，大きくかわることを知っておきましょう．

⑤ このことはまた，面接調査における調査員の態度などが大きくひびくことを示唆しています．質問の言葉遣い，相手の答えの引き出し方，面接の時刻，そうして「相手の虫のいどころ」… がひびくのです．

こういう場面での対応などを十分考えて求められた情報は，貴重です．街角で，あるいは電話で，「ちょっとお願いします」という簡便な方法で求められた情報らしきものと，はっきり区別しましょう．

どういう調査方法を採用しているかを知らないと，結果を比較できないのです．

報告書には「調査方法の説明」があるはずですから，必ず，それを参照しましょう．調査方法の説明をしていない報告書の数字は信用するな … というべきです．

⑥ 賛成，反対，どちらともいえない，の3区分で調査すると，「どちらともいえない」が多くなってしまいます．そこでそれを避けるために，

　　　賛成，どちらかといえば賛成，どちらかといえば反対，反対

のように4区分で回答を求める方法を採用することもあります．

この扱いによって，「どちらともいえない」とする人に「どちらかを選ばせる」ことになります．また，賛成あるいは反対としていた人についても，はっきりした意見をもつ人(不動層)と，はっきりした意見をもたない人(浮動層)とをわけることができるという効果も期待できます．

⑦ しかし，「どちらともいえない」を浮動層とみなしてしまうことについて，異論がありえます．「よく考えるとどちらともいえない」のだとしたら浮動層ではありません．「よく考えずに，賛成あるいは反対といっている」人々の方が浮動層だという批判もありえます．

また，質問方法が適正でないために「どちらともいえない」が多くつくられていると考えられるケースもあります．

節をかえて，さらに考えていきましょう．

▶3.8 用語の選択

① 前節で引用した調査では，質問1と同様な次の質問をしています．

> **質問4** 「どんなに世の中が機械化しても，人の心の豊かさ（人間らしさ）は減りはしない」という意見がありますが，あなたはこの意見に賛成ですか，それとも反対ですか．　　　　(例18)

もちろん科学技術の進展と，機械化の進展とは視点にちがいがありますが，忙しい調査対象者にこういう質問をしたときに，そんなちがいを十分考えて答えてもらえる

でしょうか.
　年齢別にわけた結果を比べてみましょう(表 3.8.1, 3.8.2).
　② 質問4に対する答えは，質問1に対する答えと比べて
　　　　賛成が減り，反対が増えている
ことが，よみとれます．また，そのことは，年齢性別や学歴のどの区分についても同じになっています．しかし…
　一方は
　　　　「人間らしさがなくなっていく」という意見に対する賛否
であり，他方は，
　　　　「人間らしさは減りはしない」という意見に対する賛否
ですから，表に括弧書きした「減る」，「減らない」という表現でいうと，
　　　　「科学技術の発達一般」は，「機械化」以上に，人間らしさを減らす
という評価を受けている … こういう数字になっています．
　もう一度2つの表の数字をみましょう.
　③ 質問1では,
　　　　科学技術という表現よりも
　　　　「人間らしさがなくなっていく」という言葉にひかれて
　　　　「そうだ」という答えが多くなった

表 3.8.1 質問用語の影響(質問1：科学技術対人間らしさ)——(例17)

年齢区分	賛成 (減る)	どちらともいえない	反対 (減らない)	NA
20〜	39	46	9	5
30〜	46	43	8	4
40〜	46	39	11	4
50〜	47	37	10	6
60〜	44	34	12	11

表 3.8.2 質問用語の影響(質問4：機械化対人間らしさ)——(例18)

年齢区分	反対 (減る)	どちらともいえない	賛成 (減らない)	NA
20〜	32	34	27	6
30〜	33	33	30	5
40〜	32	32	32	3
50〜	31	31	31	7
60〜	31	31	28	12

のに対して，質問4の場合は，
　　　「どんなに～しても～減りはしない」という強い文脈にひかれて，
　　　「うーん，そうもいえない」という感じで，
　　　否定が多くなった
ものと考えられます．
　あるいは，
　　　「減りはしない」という否定形の記述に対する賛否をきいている
ことに気づかず，
　　　減る … そうだ … 賛成，と，短絡的に反応したもの
が含まれているかもしれません．
　いずれにせよ，質問文で提示された内容を十分考えた上での答えではなく，質問文の表現の「語感」にひかれたことが結果にひびいている，すなわち，用語の選択いかんが結果に大きくひびく例だといってよいでしょう．
　④　このことを頭においた上で，国際比較調査における同じ質問の結果を，国別に比較してみましょう．
　質問1については，すでに述べたように，日本の数字が他とちがうようですが，「どちらともいえない」を除いて比較すれば，どの国もほぼ同じ結果です．
　質問4については，ドイツの数字が他とかなりちがっています．
　「機械化によって人間らしさが減ることはない」という見方を否定する人が
　　　ドイツでは 53% となっており，

表 3.8.3　質問用語の影響（質問1の場合）――（例17）

国別	賛成 (減る)	どちらとも いえない	反対 (減らない)	NA
西ドイツ	69	13	15	4
フランス	61	7	29	3
イギリス	70	7	20	3
アメリカ	69	6	24	1
日本	45	39	10	6

表 3.8.4　質問用語の影響（質問4の場合）――（例18）

国別	反対 (減る)	どちらとも いえない	賛成 (減らない)	NA
西ドイツ	53	19	21	7
フランス	22	5	69	4
イギリス	20	6	72	3
アメリカ	19	4	76	1
日本	31	32	30	7

> 他の国の場合20%と著しくちがっている

のです．

「どんなに～しても～減りはしない」という語調にひかれて「そうだ」と答えることなく，「なんだ？」とよく考えて答えたのだという説明は，なぜ，ドイツの場合のみそうなるかという問題が残ります．

「機械化」というキーワードと「人間らしさ」というキーワードを対比する質問になっていることから，

> 「機械化という語に対するイメージ」にちがいがある

のかもしれません．これに対して，フランス，イギリス，アメリカで賛成（減らない）が多いことは，

> 「機械化」は「人間らしさ」と次元の異なるものという認識があって，
> 「関係ないよ」という意味で，「そんなことはない」と答えた

のだと解釈できるかもしれません．

日本は，ドイツと，フランス，アメリカ，イギリスの中間の値になっています．

もちろん，同じ意図が伝わるように注意して翻訳したそれぞれの国語による質問紙を使っていますが，いかに表現を工夫してもニュアンスにちがいが出てくるものです．日本語，英語，ドイツ語，フランス語の質問文を比較し，ドイツ語の質問文が他の言語の質問文と同じニュアンスになっているかどうかを調べることが必要です．

⑤ また，同じ調査の中で取り上げられている次の質問の答えが参考になるでしょう．

> **質問5** コンピュータがいろいろなところで使われるようになり，情報化社会などということがいわれています．このようなことが進むにつれて，日常生活の上でかわっていく面があると思います．あなたは，こういう変化をどう思いますか．
> 1. 望ましいことである
> 2. 望ましいことではないが，避けられないことである
> 3. 困ったことであり，危険なことでもある． （例19）

表 3.8.5 質問用語の影響（質問5の場合）——（例19）

国別	1	2	3	その他	NA
西ドイツ	14.7	55.0	25.6	0.0	4.7
フランス	31.8	51.0	12.5	0.0	4.6
イギリス	15.9	63.1	16.7	0.0	4.3
アメリカ	33.6	51.6	11.6	0.0	3.5
日本	30.5	52.8	6.6	0.3	9.8

質問 4, 質問 5 におけるキーワードが
　　　質問 4 では, A_1「機械化」, B_1「人間らしさ」
　　　質問 5 では, A_2「コンピュータ」, B_2「日常生活への変化」
とおきかえられた形になっていることと, これらのキーワードが
　　　質問 4 では「$A \Rightarrow B$ となることはない」という否定形で提示されている
　　　質問 5 では「$A \Rightarrow B$ となる」というストレートな形で提示されている
ことに注意しましょう.
　このため,
　　　質問 4 の答えの否定が質問 5 の答えの肯定に対応する
ことになります. このことをつかんだ上で, 結果を比べてみましょう.
　ドイツの場合は,
　　　質問 4 では $A_1 \Rightarrow B_1$ は, そうだと答え,
　　　質問 5 では $A_2 \Rightarrow B_2$ は, 困ったことだという見方が多い
のに対して, それ以外の国では,
　　　質問 4 では $A_1 \Rightarrow B_1$ は, そういうことはないと答え,
　　　質問 5 では $A_2 \Rightarrow B_2$ は, 望ましいことだという答えが多くなっている
という結果です.
　このように整理してみると,
　　　ドイツの場合 A_1, A_2 についてマイナスイメージをもっているのに対して,
　　　それ以外の国ではそうなっていない…
こう解釈できそうです.
　もちろん比較のために提示された概念 B が, 一方では B_1「人間らしさ」という抽象的な概念であり, 他方では B_2「日常生活への変化」という具体的な現象であること, また, 提示された文の構造が異なっていることから, 上記の解釈があたっている

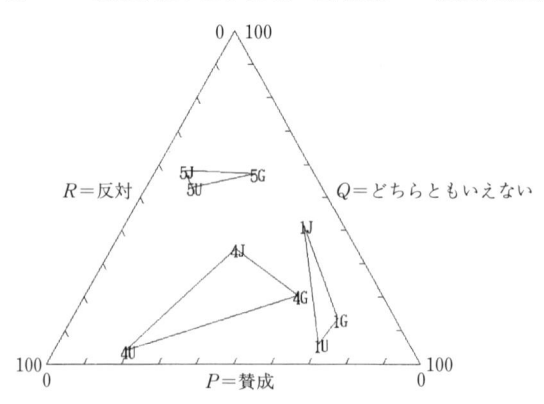

図 3.8.6 質問 1, 4, 5 に対する反応の国間比較 ——(例 17, 18, 19)

3.8 用語の選択

図 3.8.7 3.8 節のまとめ

```
質問1(例17)
科学技術の発達 ⇒ 人間らしさが
                なくなっていく
この意見を
          否定      肯定
一般には   20 対 10 対 70
日本は    10 対 40 対 50
```

A：科学技術の発達
B：人間らしさがなくなる
$A \Rightarrow B$ の変化をどうみるか
という形式で，概念 A, B を対比．
「$A \Rightarrow B$ の変化がおきる」という意見
を肯定していることは，「B はよくな
いことだ」という意識にたつ答えだ
と，解釈してよいだろう．

```
質問4(例18)
「機械化 ⇒ 人間らしさがなくなる」
    ・・・・・
    ということはない
この意見を
          肯定      否定
一般には   70 対 10 対 20
日本は    30 対 40 対 30
ドイツは   20 対 30 対 50
```

A'：機械化
B：人間らしさがなくなる
質問1とのちがいは
　　「$A \Rightarrow B$ の変化を否定する意見」
への肯定否定をきいていること．
質問も「強いトーン」の用語．
このことから，答えがかわった？
「機械化」を B にかかわりのないこと
とみているためと解釈できる？
ただし，日本とドイツは別．

```
質問5(例19)
コンピュータ ⇒ 日常生活に
             変化をもたらす
これは
    望ましいこと．
    望ましいことではなく困ったこと．
    避けられないこと．
一般には   30 対 55 対 15
ドイツは   15 対 55 対 30
```

A'：コンピュータ
B'：日常生活に変化
質問4とのちがいは
　　B を B' とかえていること．
具体的な現象を意識した答えを誘導，
解答肢も誘導的．
ドイツは B' にマイナスイメージ？

```
質問用語の影響
誤解されやすい用語あるいは誘導的な用語は使わないこと．
誘導することによって，無回答は少なくなるが，
    浮動的な回答と不動的な回答とが混在する結果となる．
```

とは断定できません．ひとつの解釈と受けとりましょう．

⑥　ここで取り上げたのは，こういう解釈を与えようということではなく
　　このように用語の選択によって結果が著しくかわること
を例示しようという趣旨です．

実際の調査では，質問4のように「誤解されやすい質問文」を使うことは避けましょう．

⑦　質問5の質問文と回答肢について補足しておきましょう．これまでの説明では，「望ましいことではないが，避けられないこと」という中間回答が最も多いのにかかわらず，それについて言及していなかったのはなぜでしょうか．

質問5の質問文は，コンピュータ，日常生活と具体的な場面を意識できる用語を使っていますから，答えやすいものになっています．その反面，コンピュータと日常生活の関係についてはっきりした問題意識をもつ人の回答と，それほど深く考えない感覚的な回答を識別できなくなるおそれがあります．この質問での回答肢は，これら

を識別することを考えて，設定されたものでしょう．したがって，コンピュータと日常生活の関係についての問題意識を把握し，比較するために，中間回答を除いて両端の区分への回答を比較したのです．

質問方法を設計するにあたって，意図してこういう回答肢をおくことがあります．

⑧ 以上の説明を展開するために回答区分を記号で表わすとか，論理を明示するために記号「⇒」を使うなど工夫しました．こみいった説明をフォローしてもらうための工夫です．

「結論はこうだ」と説明するためには，こういう工夫をして，論理を適正に進めるようにすることが必要です．

誘導した結論を簡明に説明することも，当然，必要なことです．

賛成，反対と中間回答の3区分で表わされる情報の場合，図3.8.6のように，三角図表が有効です．

また，これまでの説明をまとめた「要点書き」を図3.8.7に示してあります．これを参照しながら，これまでの説明の展開を確認してください．

▶ 3.9 賛成率などの指標の誘導

① 3.7節の冒頭で，意識調査の結果を参照して「これだけの人が賛成しているから … すべきだ」という論法を採用することについて，そう簡単なことではないと留保しておいた理由は，3.7, 3.8節の説明でわかってきたことと思います．

ある質問に対する答えを種々の区分別に求め，対比することによって，「質問応答の過程を探り，意識構造をうかがう」ことはできるにしても（それも難しい），「賛成率は何％だ」という数値を出すことは，質問の仕方やそれに対する被調査者の反応過程を考えに入れてよむことが必要です．

それを求めたいから調査するのですが，求められた数字がそういう解釈を許すものになっているかを，十分検討せよということです．

「それが過半数か否かを判断する」ことは，なお難しい（一見すると答えが出ているようにみえるがよく考えると難しい）問題です．

そういう調査を行なうこと，あるいは，そういう読み方をしようとすることを否定するのではありませんが，そのことの難しさと，そのことからくる限界を知っておきましょう．

② 「白黒をはっきりさせよ」といっても無理な場合もあります．

そういう例として「憲法改正問題」に関する調査結果をみてみましょう．1960～70年の調査です．時代背景を考慮に入れることが必要ですが，ここでは，調査方法に関する議論に焦点をあてます．

◆注 ここで「憲法改正問題」を論じようというのではありません．調査結果の読み方を考えるために一連の調査結果を比較できるので，そのための例として取り上げたのです．

③ 質問の仕方の異なる3とおりの調査(以下，A調査，B調査，C調査とよぶ)で，定期的に，「憲法改正に関する意見」を調べています(数字は，資料12から間接的に引用)．

A調査(NHK世論調査所) 「あなたは今の憲法を改正する必要があると思いますか．それとも改正する必要はないと思いますか」
1. 改正する必要があると思う
2. 改正する必要はないと思う
3. どちらともいえない
4. その他・わからない

表 3.9.1 A調査の結果 ——(例 35)

回答区分	調査時間						
	63.11	65.6	67.1	68.6	69.12	71.6	74.2
1	25	23	24	26	32	36	31
2	21	24	27	27	25	31	36
3+4	54	53	49	47	43	33	33

B調査(統計数理研究所) 「あなたは現在の憲法についてどう思いますか．次のうち一番近いものをあげてください」
1. 将来もっと社会主義的な憲法にすべきである
2. ただちに日本の国情にあった憲法に改正すべきである
3. 時期をみて実情にあわない点だけを小修正する方がよい
4. 今の憲法は絶対にかえるべきではない
5. その他およびDK

表 3.9.2 B調査の結果 ——(例 35)

回答区分	調査時期									
	63年		64年		65年		66年		67年	68年 72年
	春	秋	春	秋	春	秋	春	秋	春	秋
1	11	9	8	12	9	10	11	11	12	14	10
2	11	13	13	15	13	13	15	17	16	18	13
3	46	55	52	50	47	43	45	45	47	45	46
4	9	8	11	10	12	12	12	10	12	14	
5	23	15	16	13	19	22	17	14	18	11	17

> **C 調査**(統計数理研究所)　「今の憲法についていろいろいわれていますが，あなたはどう考えますか．次のリストの中からあなたの意見に近いものを選んでください」
> 1. 日本の実情にあわないことやいきすぎている点があるから，改正すべきだ
> 2. 多少の欠点はあっても，立派な憲法だから今の憲法をつづけていくべきだ
> 3. 今の憲法より革新的な憲法をつくるべきである

B 調査，C 調査は，「調査方法の研究」という意図を入れた調査ですから，質問用語や回答区分の設定にもそのための考慮がなされています．一般の意識調査では A 調査のように「賛成」，「反対」を答えてもらう形をとっていますが，その形で求められた結果の読み方を知るために，B 調査や C 調査は貴重な情報を与えるものです．

④　これらの調査の結果をみていきましょう．

A 調査は 1963 年から一貫してつづけられており，その結果によると，

　　回答区分 1, 2, 3 がほぼ三分される形になっており，
　　賛否いずれとも決しがたい結果

ですが，

　　「どちらともいえない」を除いてみると，
　　時間とともに賛成が増え，反対が減る傾向

がよみとれるようです．

B 調査(質問の仕方と回答の関係を研究しようという意図をもった調査)のような質問用語を採用すると，聞き方が具体的になっているので DK が減り，

　　1, 2, 3 をあわせたものが改正賛成だとみると 70% に達する

という結果です．このようになったのは，

　　非改正にあたる区分 4 の中に，「絶対に」という強い用語があるために表現のやわらかい 3 に流れたもの

とも考えられます．また，

　　1, 2 だけをみるとほぼ 30% で，
　　A 調査での賛成の数に近くなっている

ことから，A 調査の「どちらともいえない」層が文調にひかれて動いたものとみてよ

表 3.9.3　C 調査の結果 ——(例 35)

回答区分	調査時間	
	61 年春	73 年春
1	19	21
2	41	43
3	14	15
その他	26	21

3.9 賛成率などの指標の誘導

図 3.9.4 各調査の回答区分に反応した層の対比 ——（例 35）

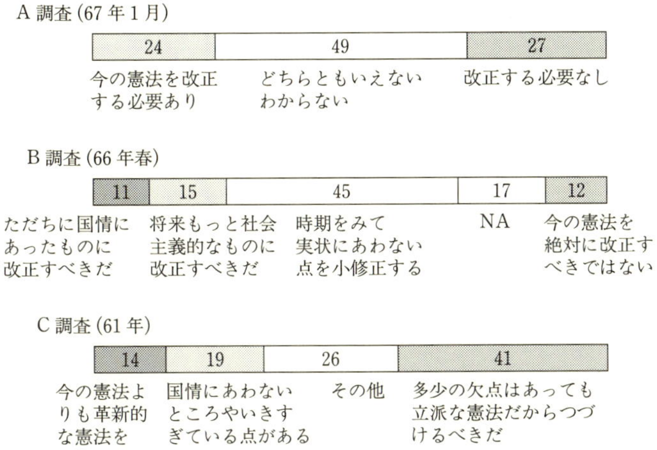

A 調査（67 年 1 月）

24	49	27
今の憲法を改正する必要あり	どちらともいえないわからない	改正する必要なし

B 調査（66 年春）

11	15	45	17	12
ただちに国情にあったものに改正すべきだ	将来もっと社会主義的なものに改正すべきだ	時期をみて実状にあわない点を小修正する	NA	今の憲法を絶対に改正すべきではない

C 調査（61 年）

14	19	26	41
今の憲法よりも革新的な憲法を	国情にあわないところやいきすぎている点がある	その他	多少の欠点はあっても立派な憲法だからつづけるべきだ

いでしょう．

　C調査のように回答肢を設定すると，3の回答を選ぶものは特定化されており，一般の回答者は1と2のどちらかを選択する結果になるでしょう．結果は，

　　　2が40％，1が20％，3が15％

となっています．

　以上の結果を対比するために図示しておきましょう．図3.9.4です．

　なお，B調査の質問用語に含まれている「将来は」，「今ただちに」，「時期をみて」というタイムスケジュールに関する限定語が効いている可能性も考えられます．

　⑤　調査対象となった人が「はっきりした意見をもっている」と考えられる問題ならどんな聞き方をしてもほぼ同じ結果となるものですが，そうでない問題では，質問の仕方いかんによって答えがかわってしまったり，「無回答」や「どちらともいえない」という中間回答が増えるものです．

　「はっきりした意見を表明しないが，心底にはどちらかに近い見方がひそんでいるはずだ」として，それを探り出すことを考えて質問用語を工夫（？）すると，「どちらともいえない」を減らすことができるでしょうが，工夫（？）の結果によって数字が大きくかわるということ自体が問題です．「社会的に重要な問題だから意識調査の結果を参照せよ」という耳ざわりのよいコメントに対して，「意識調査によって測れる範囲をこえているから危険な使い方だ」と留保を申し立てることになるのです．重要な問題だから貢献したいのですが，限界をこえる問題だということです．

　⑥　この例に限らず，質問用語いかんによって大きくかわった数字が出るような質問は避けるべきです．しかし，そういう性格をもつ問題を調査しなければならないこともありえます．

そこで工夫ということですが，③ では，「工夫(？)」と？をつけておきました．
　態度や意見を正しく把握するための工夫はもちろんなすべき工夫です．
　しかし，どう工夫しても，質問・応答の過程における実施可能性を考えると工夫しようがない場合もあります．
　もうひとつ … 「答えがこうなるだろう」という予想をもった上で，そうなるように質問用語を工夫する … そういう好ましくない工夫もありうることを知っておきましょう．もちろん，悪用は避けてください．
　⑦　さらに，「測っている対象者の意識」が測り方によってかわるという根本にかかわる問題があります．
　「私の意見」であるにしても，「その人が常々もっている意見」，「世間でいわれていることのうち同感できる意見」，「質問文をみた感触でこれだろうと選んだ意見」…いずれも「意見」であるにしても，1つの数字で測れるほど固いものではありません．だから，調査の仕方によって数字がかわるのであり，読み方が難しいのです．
　また，「どちらともいえない」が不動票であり，「賛成」あるいは「反対」が浮動票だという読み方を要する場合もあるのです．
　「こういう刺激を与えたら，こういう反応だった」という受けとり方をすればよいのですが，1つの数字になってしまうと，浮動性の存在をわすれて，コンマ以下の上がり下がりに過剰反応する … こういうことがあるようです．
　⑧　特に，コマーシャリズムの入った調査では，答えを誘導するようなレトリックを使っているものがあります．一見すると客観的な調査とみられるものでも，インプリシットには，ある答えを誘導する結果になっているものがありうるのです．
　⑨　そこで結論 … **情報に化かされないために** …
　「情報化社会」すなわち多種多様な情報が流通している社会ですから，流通している情報の中には，「意図をもった情報」が含まれているでしょう．また「悪意はなくても，そのことに気づかないまま，質の悪い情報を生産し，流している発信者」もあるでしょう．情報の受け手は，それを見わける能力をもちましょう．

● **問題 3** ●

問1 (1) 「子供が正月にもらったお年玉を何に使ったか」を調べたら,「貯金しておく」という答えが最も多かったという記事が掲載されており,「子供も大人と同様,先のことを考えて貯金している」と説明していた.
　この説明は妥当か.
(2) 記事をさらにみていくと,使途が「貯金だ」という答えをした子供は12%だという数字が掲載されていた.この数字をみて,「お年玉を貯金しておいた子供が12%だった」と了解することは妥当か.
(3) また,記事の付録に調査結果の集計表が添付されており,お年玉の使途について,「1位が貯金で12%,2位がゲームソフトで10%,3位がナイキのTシャツで6%,…」という数字が掲載されていた.
　この表の数字が正しいとして「お年玉の使途として最も多いのは貯金だ」と説明してよいか.
(4) これらの問いに対して答えるには,どういう調査をしているかを調べることが必要だろう.まずチェックしなければならないのは,どんな点か.

問2 理由区分 I が選択される確率を P_I ($I=1,2,3,4$) とし,4つの区分のうち2つを選択(異なる区分)したとき,その中に区分 I が含まれる確率を Q_I と表わす. Q_I と P_I の関係について,以下の計算を行なえ.
　ただし, $P_1=0.4$, $P_2=0.3$, $P_3=0.2$, $P_4=0.1$ と想定した場合の計算でよい.
(1) 1番目の選択と2番目の選択は独立,いいかえると,1番目に区分 I が選択されたとき2番目に区分 J が選択される確率 $P_{J|I}$ について $P_{J|I}=P_J/\sum P_I$ だと想定して計算せよ.
(2) 1番目に上位2区分のうち1つが選択されたら2番目も上位2区分のうちから選択され,1番目に下位2区分のうち1つが選択されたら2番目も下位2区分のうちから選択されると想定して計算するとどうか.
(3) 1番目に上位2区分のうち1つが選択されたら2番目は下位2区分のうちから選択され,1番目に下位2区分のうち1つが選択されたら2番目は上位2区分のうちから選択されると想定して計算するとどうか.

問3 (問2のつづき)
(1) 2つの区分を選択するときに,2回目にも1回目に選んだ区分と似た区分を選ぶ傾向があるときには,問2の(2)の状態に近くなるか,それとも(3)の状

態に近くなるか．

(2) 2つの区分を選択するときに，2回目には1回目に選んだ区分と異なる区分を選ぶ傾向があるときには，問2の(2)の状態に近くなるか，それとも(3)の状態に近くなるか．

　　注：この問いに答えるためには，2つの区分組み合わせに対応する選択確率を想定して計算しなければなりませんが，ここでは，問2の結果から類推して判断すればよいものとします．

情報化社会にひそむ問題点

　種々の情報が種々のチャネルを通じて流通し，誰もが簡単にそれに接触できる時代になりました．そのことはよしとしましょう．ただし，以下のような問題がひそむことに注意して … という条件つきです．

　流通している情報は玉石混交です．したがって，利用者は，その質の良否を判別する能力をもつことが必要です．

　情報の生産(調査の実施)過程で手抜きをした悪貨と，きちんとした過程を踏んで求められた良貨が評価しにくい形で流通しています．また，良貨は生産しにくいことから，量的に多い悪貨の情報が多数意見を形成してしまい，量的に少ない良貨の情報がかくされてしまう … こういうおそれがありえます．

　専門家の発言についても，「自説に合致する情報だけを選んで，あたかも自説が立証された」と主張しているケースが少なからずみられます．

　立証の根拠とするに足る情報を求めにくい場合もありうるのですから，「立証できていないが…」と断った上で議論を展開してよいのです(そうすべきです)が，そういいたくないのでしょうね．

　情報の発信者，そうして，その受け手にとって，
　　　　情報のよみかき能力は，誰にとっても必要な常識
となってほしいと思いますが，そのための教育が「あまりにも遅れている」という感じをもちます．

　情報教育すなわち情報機器の操作を教える教育ではなく，情報のもつ意味をよみとる教育を指向せよ … 賛成していただけると思います．

4 情　報　量

　調査し集計された結果が「分析対象とされる情報」ですが，その情報について，それが「潜在的にもっている情報量」を計測して，分析手段を適用することによって，「その情報の何％を説明できたか（顕在化できたか）」を評価する … こういう「手法」を使うことができます．

　また，どういう集計表を用意するか，集計表のどの部分に注目するかなどの問いに対して，データの精度の観点から，指針を与えることができます．

　この章では，情報量の定義と計算方法を説明した後，その使い方を例示していきます．

▶4.1　情報量とは

　① 「情報」という言葉はいろいろな意味で使われています．「こんな情報があった」，「役に立つ情報だよ」，「そんな情報はウソだろう」… こういう日常会話では，情報というコトバの意味をはっきり定義せずに使っています．

　コンピュータによる「情報処理」の分野では，コンピュータの処理能力や記憶容量を測るためにきわめて限定的な定義を与えています．

　しかし，情報をコンピュータで処理するのは，情報を処理し分析することによって，なんらかの有益な知見を得ることを目的としているのですから，「使う目的に有用なもの」が情報だとよぶ方が一般的でしょう．

　統計学でも，形式的にはコンピュータ用語での情報量とほぼ同様の視点で定義されていますが（後述），その運用場面では「目的に対して有効な情報」という視点を入れることになります．また「役に立つ」という評価を内包した定義になっていることを説明します（次章）．

　このように視点がちがいますが，コンピュータ用語での情報量と統計学での情報量の定義を対応づけて理解できることも説明します．

② これまでの各章で種々のクロス表を取り上げましたが，それらは
　　　被説明変数の情報を，
　　　説明変数の情報によって説明する
ことを意図していました．
　したがって，被説明変数について求めた構成比は，比較するために取り上げた集団区分間で異なっており，その相違をどう説明するかを考えたのです．言い方をかえると，
　　　構成比に差がある
　　　　　⇒ 特化係数が1と離れている
　　　　　⇒ 説明されるべき情報だ
　　　と了解するのです．
　　　　この説明に対して，次のようなコメントが出るかもしれません．
　　　構成比に差がない
　　　　　⇒ 特化係数が1に近い
　　　　　⇒ その場合も差がないことを説明すべきだ
確かに「差がない」ということも情報ですから，考察の対象外におくのは不当ですが，
　　　データにもとづく実証の手法
を与えるデータ解析の立場では，
　　　わずかな差は，なんらかの意味をもっているとしても
　　　「偶然としかいいようのない」差と識別できない
ことを考慮に入れた定義あるいは「定義の運用」を考えるのです．
　③　いずれにしても，特化係数が手がかりになります．
　表0.1.1(例1)の「生きがい観の年齢別比較」について計算した特化係数の大きさは，次の表4.1.1のa欄のようになっていました(表2.2.2)．また，表1.5.1(例6)

表4.1.1　特化係数の計測値の分布

特化係数の値域区分	対象データ		
	a	b	c
1/2 以下	6	6	1
1/2 ～1/1.5	2	5	0
1/1.5～1/1.2	3	3	5
1/1.2～1.2	4	17	6
1.2～1.5	3	6	3
1.5～2	5	5	0
2 以上	1	1	1

a. 生きがい観(例1)，b. 社会に出て成功する要因(例6)，c. 夫婦の誕生日(例33)．

表 4.1.2 夫婦の誕生日 (曜日) ―― (例 33)

		妻の誕生日			
		日	月火	水木	金土
夫の誕生日	日	6	4	5	4
	月火	6	10	7	7
	水木	4	10	15	7
	金土	2	10	11	13

データ数が少ないので表示のように 4 区分に集約した．

の「社会に出て成功する要因」については，b 欄のようになります (問題 2 の問 4)．

いずれについても，特化係数の値は，1 が中心であるにしても，1 からかなり離れた値が出現する分布になっています．たとえば 1/1.5〜1.5 の範囲に入るのは，a では 40%，b では 60% にすぎません．

これに対して，c は，夫婦の誕生日 (曜日) の関係を調べた表 4.1.2 について計算した特化係数の分布ですが，○曜日生まれの夫と○曜日生まれの妻は相性がよい … そんなことはないはずですから，当然，1 に近い特化係数が多くなっています．1/1.5〜1.5 の範囲に 80% が入っています．

④ それにしてもすべてが 1 とはなりません．いいかえると，特に意味はなくても，
　　「偶然の結果として」この程度の差が生じる

ことを示しているのです．

このことから，
　　特化係数がこの程度の分布になっている場合，
　　偶然の結果と識別しにくい

ことを認識しましょう．

次の 4.2 節で定義する「情報量」は，
　　差の量的評価を与えることによって
　　それがある限度をこえる場合，その理由を探索すべきこと
　　それがある限度以下の場合，そのデータではその理由を探求しにくいこと

を指摘する役割を果たすものです (4.5 節)．

定義はこのような「数理を展開する根拠」を与える形で定義されていますが，定義された情報量は，「見出された差をどう説明するか」を考える場面を想定して，分析の進め方をガイドする機能を果たすことになります (第 5 章)．

いいかえると，定義される「情報量」は，
　　「当面得られているデータにもとづいては … 」という限定下で計算

されるものです．

それにしても，たとえば「データの求め方を工夫する」など，より広範な観点にたったアクションをとることをあわせて考えれば，理由の探求を広い視点でつづける

ためのガイダンスとなりうるのです．

▷4.2 情報量の定義

① 第2章に述べた構成比，特化係数，特徴検出と進める過程を分析手順として位置づけるためには，データのもつ誤差あるいは不規則な変動への配慮が必要です．また，どの程度まで大きい変動を摘出し，どの程度以下の変動を割愛するかを決めて，「それに応じた精密さ」で手順を進めうることも必要です．

② カテゴリカルデータの解析では，このような考察のために「情報量」が使われます．

まず，この情報量の定義を与えましょう．

以下では，次の記号を使います．

被説明変数として取り上げた項目を A，説明変数として取り上げた項目を B と表わします．また，A, B の組み合わせ区分に対応する度数を N_{IJ}，構成比を $P_{I/J}$，特化係数を $P_{I\times J}$ と表わします．

特化係数の定義により

　　　　特化係数が1に近い　　　⟺　A と B の間に特記するほどの関連がない
　　　　特化係数が1と離れている　⟺　A と B の間に特記すべき関連がある

ことを示しますから，A, B の関連の大小を"特化係数と1との差"によって評価できるものと考えられます．したがって，

　　　情報量は，"特化係数と1との差"と了解できる指標

として定義すべきです．

たとえば，

　　　$P_{I\times J}-1$　　　　　　上記の了解を最も簡単に表現
　　　$(P_{I\times J}-1)^2$　　　　分散の定義にならう形
　　　$\log P_{I\times J}-\log 1$　特化係数が「比尺度」であることを考慮

などが考えられますが，それぞれに付記したコメントから，第三の定義，すなわち

　　　　"対数変換した値"でみた差を使う

を採用するのが適当だと思われます．また，その合理性については，以下順を追って説明していきます．

この差は，A, B の関連表の各セルごとに評価できるものですが，関連性は，各セルでの差を総合してみる(全体としてみる)べき指標ですから，

　　　　特化係数と1との偏差(セルの数だけある)の平均

の形で定義するとよいでしょう．ただし，基礎データが"集計データ"であって，セルごとに N がちがいますから，

　　　　N_{IJ} をウエイトとして使った加重平均

とします．

4.2 情報量の定義

③ したがって，A と B の関連の大きさを測る情報量（関連情報量）を

$$I_{A\times B}=\sum\sum N_{IJ}(\log P_{I\times J}-\log 1), \quad \bar{I}_{A\times B}=\frac{I_{A\times B}}{N}$$

と定義します．

なおこの形から，$I_{A\times B}$ の大小は，N_{IJ} の大小と $\log P_{I\times J}$ の大小が効くことになりますが，単に情報量というときは，データ全体としてもつ情報量をみるという趣旨で，N でわる前の値 $I_{A\times B}$ を指します．これに対して $\bar{I}_{A\times B}$ は，データ１つあたりでみた平均情報量です．

④ 情報量について $I_{A\times B}\geqq 0$ が成り立ちます．等式が成り立つのは特別のとき，すなわち，どのセルについても $\log P_{I\times J}=0$ の場合です．いいかえると，どのセルについても $N_{IJ}=N_{I0}N_{0J}/N_{00}$ が成り立つときです．

⑤ この定義における対数としては，自然対数を使います．また，便宜上この式による計算値を２倍したものを使います．すなわち，

$$I_{A\times B}=\sum\sum 2N_{IJ}\log P_{I\times J}, \quad \bar{I}_{A\times B}=\frac{I_{A\times B}}{N} \tag{1}$$

とします．これによる計算値の単位をニットとよびます．

コンピュータの分野でも情報量という概念が定義されています．それは，２を底とする対数を使っている点を除いてここで定義したものと同じです．そのときの単位がビットであり，１ニット＝1.386 ビットと換算できます．

⑥ 特化係数の定義式を N で表わすと，

$$I_{A\times B}=\sum\sum 2N_{IJ}\log \frac{N_{IJ}N_{00}}{N_{I0}N_{0J}} \tag{2}$$

であり，さらに

$$I_{A\times B}=\sum\sum 2N_{IJ}\log N_{IJ}-\sum 2N_{I0}\log N_{I0} \\ -\sum\sum 2N_{0J}\log N_{0J}+2N_{00}\log N_{00} \tag{3}$$

とかくことができます．

この式は，基礎データの各セル（計のセルも含む）の値を $N\Rightarrow 2N\log N$ と変換した表をつくり，＋または－の符号をつけて合算する形になっています．記憶しやすく，また，計算プログラムをかきやすい形です．

$N_{I0}N_{0J}/N_{00}$ は，A,B が独立だと仮定したときの N_{IJ} の期待値と解釈される量です．これを $E(N_{IJ})$ とおくと，情報量の定義式は，

$$I_{A\times B}=\sum\sum 2N_{IJ}\log \frac{N_{IJ}}{E(N_{IJ})} \tag{4}$$

と表わすことができます．N_{IJ} を観察された頻度分布，$E(N_{IJ})$ を，分布に関するモデルを想定したときの期待値とみれば，数量データの場合も含む一般の定義となります．

⑦ 情報量を，分散の定義にならって，２乗和，
　　ウエイトとして $E(N_{IJ})$ を使う
と定義することも考えられます．この形で定義し（χ^2 とする）それを書き換えると

$$E(N_{IJ}) = \frac{N_{I0}N_{0J}}{N_{00}}$$

を使って

$$\chi^2 = \sum\sum \frac{[N_{IJ} - E(N_{IJ})]^2}{E(N_{IJ})} \tag{5}$$

が導かれます．これは，分布のあてはまりを検討するときによく使われる χ^2 統計量とよばれるものに一致します．また，N が大きいときには，両者は一致します．この意味ではどちらを使ってもよいのですが，このテキストではこれを使わず，情報量を使います．その理由は後の節で説明します．

⑧ 情報量の計算には (1) 式 または (3) 式を使います．

表 4.2.1 (例 1) について，これらによる計算表を示しておきましょう．

ひとつひとつのセルごとに $2N_{IJ}\log P_{I\times J}$ を計算し，表示しておけば，"データ全体としてみた情報量 $I_{A\times B}$ に対して，各セルでの差 $\log P_{I\times J} - \log 1$ がどれだけ寄与しているか"を判断できるからです．

こういう読み方ができますから，分析手順としては (3) 式を使うよりも (1) 式を使

表 4.2.1 情報量の計算 ((3) 式による計算) —— (例 1)

度数 N の表

	A_1	A_2	A_3	A_4	T
B_1	120	130	40	0	290
B_2	90	70	20	10	190
B_3	100	40	40	40	220
B_4	80	20	60	90	250
B_5	60	10	80	100	250
B_6	50	10	80	90	230
T	500	280	320	330	1430

情報量計算表 ($2N \log N$)

	A_1	A_2	A_3	A_4	T
B_1	1149	1266	295	0	3289
B_2	810	595	120	46	1994
B_3	921	295	295	295	2394
B_4	701	120	491	810	2761
B_5	491	46	741	921	2761
B_6	391	46	741	810	2542
T	6215	3155	3692	3827	20779

$I_{A\times B} = 519.7$

表中の数字は $2N \log N$．表の見出し T の欄の数字も，N の表の計欄の数字から計算．この表の縦・横の計ではない．

$I_{A\times B}$ はこれらを加減して計算される．

4.2 情報量の定義

表 4.2.2 情報量の計算 ((1) 式による計算) ——(例 1)

特化係数の表 (P)

	A_1	A_2	A_3	A_4
B_1	1.18	2.29	0.62	0.00
B_2	1.35	1.88	0.47	0.23
B_3	1.30	0.93	0.81	0.79
B_4	0.92	0.41	1.07	1.56
B_5	0.69	0.20	1.43	1.73
B_6	0.62	0.22	1.55	1.70

情報量計算表 ($2N \log P$)

	A_1	A_2	A_3	A_4
B_1	$^{120}0.16$	$^{139}0.82$	$^{40}{-}0.49$	$^{0}0.00$
B_2	$^{90}0.30$	$^{70}0.63$	$^{20}{-}0.76$	$^{10}{-}1.48$
B_3	$^{100}0.26$	$^{40}{-}0.08$	$^{40}{-}0.21$	$^{40}{-}0.24$
B_4	$^{80}{-}0.09$	$^{20}{-}0.90$	$^{60}0.06$	$^{90}0.44$
B_5	$^{60}{-}0.38$	$^{10}{-}1.59$	$^{80}0.35$	$^{100}0.55$
B_6	$^{50}{-}0.47$	$^{10}{-}1.51$	$^{60}0.44$	$^{90}0.52$

$I_{A \times B} = 519.7$

表中の数字は $\log P$ と N. $I_{A \times B}$ は $2N \log P$ として計算.

う方がよいといえます.

⑨ この例では $I_{A \times B}=519.7$ ニットと評価されています. データ 1 つあたりにすると, $I_{A \times B}=519.7/1430=0.363$ です. 詳細な説明は省略しますが, この $I_{A \times B}$ の平方根が数量データの場合の相関係数にあたります. この例については $\sqrt{0.363}=0.60$ であり, A, B 関連度はたいへん大きいということができます.

もちろん,「誤差の範囲をこえたなんらかの意味をもつ差だ」といえる大きさです.

◆**注** χ^2 統計量は 458.1 となります.

⑩ 表 4.2.1 の区分 A_3, A_4 および B_4, B_5 をプールした場合について同様に計算すると, 情報量=384.3 ニットが得られます.

この減少 135.4 ニットが, 区分をプールしたためのロスです.

この例に限らず,

"区分を集約すると情報量が減少し,

区分を細分すると情報量が増加する"

ことが証明されます.

また, 種々の区分集約法について, 集約による情報量ロスを計算し, ロスの最も少ない集約法を見出すことも考えられます. したがって, この章の分析手法の数理を組み立てることができます.

このような見方をおりこんだ分析方法については, 第 5 章で詳説します.

▶ 4.3 情報量の定義に関する補足

① 4.2節で述べた情報量の定義は，次のように，コンピュータ用語としての情報量に対応づけて理解できることを補足します．

② 2つのカテゴリー区分をもつ項目について調査した結果は，0または1のコードで記録することができます．したがって，0または1を識別できる記録装置を使うものとすると，記録に要する桁数は，1です．

カテゴリー区分が4だとすれば，その調査結果を記録するのに必要なコードは0から3ですが，2進法でいうと00, 01, 10, 11です．したがって，記録に要する桁数は，2です．

これを一般化すると，カテゴリー区分数が K の項目について，その調査結果を記録するのに必要な桁数は $\log_2 K$ です．

表4.3.1

情報の区分数	各区分のコード	2進数表示	記録に要する桁数
2	0	0	
	1	1	1
4	0	00	
	1	01	
	2	10	
	3	11	2
8	0	000	
	1	001	
	2	010	
	3	011	
	4	100	
	5	101	
	6	110	
	7	111	3

③ 以上は，対象が1人の場合です．
対象が N 人だとすれば，必要な記録場所は，$N \times \log_2 K$ です．

④ ここで区分数をあらかじめ特定しないで，観察結果によって区分けする場合を考えましょう．その場合は，N 人 N とおりまで識別する可能性がありうるので，最大限を考えて記録場所をとるものとすれば，$N \times \log_2 N$ 桁が必要となります．

⑤ 実際にそこまで区別するか（それだけの桁を使うか）どうかは別にして，

　　　情報の量の大小　⟺　記録に要する桁数の大小

とおきかえて考えれば，

　　　情報の量を $N \times \log_2 N$ で測る

ことができると，考えてよいでしょう．

⑥ 以上では，カテゴリーわけの結果が実際にはどうなったかを考慮していません．したがって，最大限の可能性を考えて計測したものになっており，現実に採用されたカテゴリーわけ（分析といってよいでしょう）によって，どれだけの情報を引き出したかは，別に計測すべきです．

⑦ 観察対象 N 人が，注目している項目 A によって $(N_1, N_2, \cdots, N_K)$ に区分されたものとしましょう．この状態では，同一区分にまとめられている N_I 人については，

区別されるはずの情報量 $N_I \times \log_2 N_I$ が分析されずに残っている
と解釈できます．したがって，N 人からなる 1 バッジを $(N_1, N_2, \cdots, N_K)$ に区分けすることによって引き出された情報量は

$$N \times \log_2 N - \sum N_I \times \log_2 N_I$$

です．これを I_A と表わしましょう．

⑧ さらに，観察単位をその属性 B によって区分するものとしましょう．形式的には，調査項目 A と属性区分 B を組み合わせてカテゴリーわけするものと考えればよく，それによって引き出される情報量は

$$N \times \log_2 N - \sum N_{IJ} \times \log_2 N_{IJ}$$

だということができます．これを I_{AB} と表わしましょう．

⑨ これは，A で区分けすることによって引き出された情報量 I_A，B で区分けすることによって引き出された情報量 I_B の他に，組み合わせ集計によって新たに抽出された部分（これを $I_{A \times B}$ と表わす）が含まれているものと解釈できます．ただし $I_{A \times B}$ は，A あるいは B だけで区分した場合にも（識別されないにしても）引き出されているものですから

$$I_{A \times B} = I_A + I_B - I_{AB}$$

です．

これを書き換えると，

$$I_{A \times B} = \sum \sum N_{IJ} \times \log \frac{N N_{IJ}}{N_I N_J}$$

となります．

⑩ 以上の説明における log は 2 を底とする対数です．コンピュータの領域で，情報の量をビットという単位を用いていることに対応しています．
この計測単位をかえる（$2 \log_e 2$ をかける）と 83 ページの (2) 式となります．この場合の単位はニットとよばれています．

▷ 4.4　情報量 $I_{A \times B}$ の統計量としての特性

① 情報量の値をデータにもとづいて計算した場合，データのもつ変動に応じてその値も変動します．この変動に関して，次のことが証明されます．

　　観察単位数 N が大きい場合，χ^2 統計量と同等となる．

したがって，A, B の関係が独立，すなわち $P(A_{IJ}) = P(A_I)$ が成り立っている場合
　　その漸近分布は χ^2 分布であり，
　　その自由度 f は $f = (K-1)(L-1)$，　ただし K, L は A, B の区分数
χ^2 分布の性質から
　　$E(\chi^2) = f$
　　$V(\chi^2) = 2f$

② このことから，χ^2 の観察値を f に対する倍率 χ^2/f で表わすと，A, B の関係が独立だと仮定できる場合における χ^2 の期待値について

　　　1 が期待値すなわち平均並みの値

だと解釈できることになります．

③ 一般的なテキストでは，構成比を比較する問題で χ^2 統計量を使うように教えています．「構成比が等しいといえるかどうかを判定する」という限られた問題場面で使うなら，情報量を新しく定義して使う必要はありませんが，次章以降に説明する「より広い使い方」を考えるときに，χ^2 を使うより情報量を使う方がよいことがわかります．

▷4.5　情報量の有意水準

① 表 4.2.1 に求めた情報量 520 ニットについて，それを大きいとみるか，大きくないとみるか，その判定基準が必要です．そのためには，A, B の間に実質上の関係がない（あるとしても，ランダムとみられる程度の小さい関連しかない）とした場合に期待される $I_{A \times B}$ の値を計算しておき，それと対比する形で評価します．この方法に関する数理的な構成（たとえば仮説検定）の説明は，専門書にゆずります．

② 結論だけをいうと，「A, B の間にランダムな関係しかない」と仮定した場合の情報量 $I_{A \times B}$ の値は，χ^2 分布とよばれる確率分布で表わされます．したがって，統計数値表に掲載されている χ^2 分布の表を利用して，"実際のデータで計算された $I_{A \times B}$ の値がランダムとみられる範囲をこえる程度か否か" を判定できます．

ランダムな関係だけだと仮定したときの χ^2 分布の限界値を求める．	$\Longrightarrow$	実際の観察値を使って $I_{A \times B}$ を求める． ⇓ その値が限界値をこえていればなんらかの「意味のある関連性」の存在が確認される．

③ もう一段くわしくいうと，データをどの程度細かく区分するかが関係します．区分数が多いときは各区分に含まれる平均度数が少なくなり，誤差の影響が著しくなりますから，判断の基準値は大きい値になります．

正確にいうと，A, B の区分数いかんが関係をもち，

　　　（A の区分数-1）×（B の区分数-1）

に対応する χ^2 分布を参照します．区分数でなく「区分数-1」となっているのは，A の K 区分，B の L 区分のうち 1 つの度数が，"度数の計が一定" という条件から自動的に決まってしまうことに対応します．

　　　（A の区分数-1）×（B の区分数-1）

4.5 情報量の有意水準

表 4.5.1 自由度の理解のために

	T	A_1	A_2	A_3	A_4			T	A_1	A_2	A_3	A_4
T	*	*	*	*	*		T	*	*	*	*	*
B_1	*						B_1	*	#	#	#	−
B_2	*						B_2	*	#	#	#	−
B_3	*						B_3	*	−	−	−	−

データの区分数は 4×3(計の箇所を除く).
しかし,縦横の計(*の箇所)が一定だという条件下で考えると
　　#の箇所の数字が決まれば
　　−の箇所の数字は自動的に決まる.
自由にその値をかえうるのは,(4−1)(3−1)区分.これが,自由度.

を自由度とよんでいます.例示の場合,自由度は (4−1)(6−1)=15 です.

④ この自由度を f とすると,
　　　χ^2 の値の期待値は f,バリアンス(注)は $2f$ に
なっています.したがって,f に近い値をもつのが普通ですが,可能性としてはもっと大きい値になることがありえます.そこで,よりくわしい確率計算を行なって作表された「χ^2 分布表」を参照して,判定の限界値を見出すのです.

A, B の間にランダムでない関係が存在するときには,ランダムな関係しかない場合より大きくなりますから,判定の限界値は,f より大きい方の裾の部分にとります.普通は,それより大きくなる確率が 5% となる値を限界値とします.

⑤ 図 4.5.2 は,この χ^2 の値が「特に意味をもたない変動だけだ」とした場合にどの程度の大きさになるかを示す χ^2 分布です.

◆注　統計量の基礎データに関してある確率分布が想定されるときに,「その分布にしたがう観察値が得られたとしたとき」に期待される平均値を「期待値」とよび,期待される分散を「バリアンス」とよびます.いいかえると,現実に得られた観察値によって得られる統計量に対して「こうなるのが標準」とみられる値を論ずるために使われるものです.

表 4.2.1 の場合は区分数が 4×6 ですから自由度は 15 です.統計数値表から,自由度 15 確率 5% にあたる値が 25.0 であることがわかります.

図 4.5.2 χ^2 分布

したがって,まれなケース(5% 以下の可能性)を無視すると,ランダムだとした場合に起こりうる値は,25.0 以下だとみてよいことがわかります.

実際のデータで計算された値は 520 ですから,この 25.0,すなわち"ランダムだとしたときに期待される範囲"をはるかにこえています.したがって,ランダ

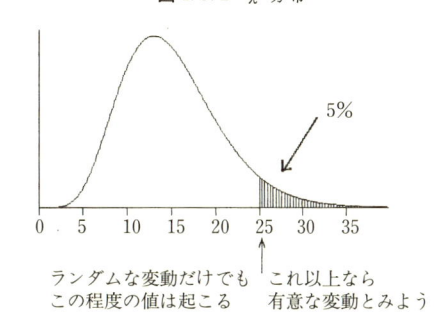

ムとはいえない値だとみるべきです．いいかえると，

何か"説明されるべき差"（有意差といいます）を含んでいる

と結論するのです．関係があると予想されるがゆえに組み合わせ表をつくったのですが，その予想を確認することが必要です．ただし，関係があるというだけでは説明になりませんから，特化係数を計算し，パターン図をかくなどの解析を行なうのです．

⑥　ここで採用した推論は，数理統計学では「仮説検定法」とよばれているものですが，その数理の基礎にある論理が次のように，「帰謬法」の形になっていることを注意しておきましょう．

帰謬法の論理は

> A が真なら B が真
> しかるに B は真でない
> よって A は真でない

という形式です．仮説検定の論法の場合は，この帰謬法の論理における A, B を

　　A … ランダムである
　　B … $I_{A \times B}$ の値は 25.0 以下である

とおきかえたものに相当します．すなわち，次のように表わせます．

> 『ランダムである』が真なら，『$I_{A \times B}$ の値は 25.0 以下』が真である
> しかるに，『$I_{A \times B}$ の値は 25.0 以下』は真でない
> よって，『ランダムである』は，真でない

ただし，最初の命題「A が真なら B が真である」が"絶対に正しい命題"でなく，"まれには正しくないことがある命題"であることに注意してください．この点では，帰謬法の拡張になっています．

統計学でこの推論を採用するときには，"まれ"という条件を"可能性5%"となるようにコントロールして適用するのが普通です．

まれという条件をもっときびしくとり，たとえば可能性1%とすると，"説明されるべき差"があるのに，"ランダムだ"と結論するという誤り（第一種の過誤）が多くなります．

逆に，まれという条件をもっとあまくとると，"ランダムに近い差"を"説明されるべき差"だと指摘する可能性（第二種の過誤）が高くなります．これも，好ましいことではありません．

だから5%を使うのが慣習となっているのです．

⑦　4.1節で3つの例について特化係数の分布をみました．これらについて，情報量を計算してみましょう．次の表のようになります．例33すなわち「夫婦の誕生日」の場合，情報量が誤差の限界をこえていないことが確認できます．

表 4.5.3 表 4.1.1 の 3 つの例の情報量

対象データ	$I_{A \times B}$	$I_{A \times B}/N$	df	有意性
a	519.7	0.363	15	**
b	2850.9	0.106	30	**
c	11.1	0.092	9	NS

有意性判定の結果は次の記号で表示します．
NS：有意差なし，＊：5%基準で有意，＊＊：1%基準で有意．

情報量の大きさ

情報量の大きいことは … よいことだといえるでしょうか．

情報量が小さくても，現象を説明する上で重要な意味をもつ部分があります．

情報量は，そういう部分が，たとえば「データ数が少ないことによる偶然的な変動と識別できるかどうか」を判断するために使うものです．

情報量が大きくても，混同要因がかくれているためにみかけ上大きくなっている場合には，現象を説明する上では好ましくない情報です．たとえば，基礎データを「現象説明に対応するように」分解しましょう．各部分の情報量は小さくても，説明上有効な情報だと評価されるのです．

● 問題 4 ●

問1 (1) 100人の対象者をある調査事項 A によって2区分にわけたところ表 4.A.1 (a) のような結果となった。これによって抽出された情報量を計算せよ。
(2) 表 4.A.1 (b) ならどうか。
(3) 表 4.A.1 (c) ならどうか。

表 4.A.1 (a)

計	A_1	A_2
100	50	50

表 4.A.1 (b)

計	A_1	A_2
100	60	40

表 4.A.1 (c)

計	A_1	A_2
100	70	30

注:プログラム CTA02X は,「N に対応する $2N \log N$ を計算し累積する」プログラムです。問1~5は,これを使って計算できます。たとえば(b)については,まず $N=100$ を入力し,次に = を入力すると,情報量 921.034 が得られます。また,60, 40, =, と順に入力すると 786.432 が得られます。これらの値の差が,表 4.A.1 (b) のように「2区分することによって抽出された情報量」です。

問2 (1) 240人の対象者を,ある調査事項 A に注目して区分したところ,表 4.A.2 (a) のような結果となった。これによって抽出された情報量を計算せよ。
(2) 表 4.A.2 (b) ならどうか。
(3) 表 4.A.2 (c) ならどうか。

表 4.A.2 (a)

計	A_1	A_2
240	120	120

表 4.A.2 (b)

計	A_1	A_2	A_3
240	80	80	80

表 4.A.2 (c)

計	A_1	A_2	A_3	A_4
240	60	60	60	60

問3 表 4.A.1 (a) の結果と表 4.A.2 (a) の結果を比較せよ。この比較を一般化して,構成比が同じで計(N とする)だけが異なる場合,情報量は N に比例することを証明せよ。

問4 100人の対象者を,年齢,職業に注目して表 4.A.3, 4.A.4 を得た。第一段階で抽出された情報量,第二段階で抽出された情報量を計算せよ。

問5 問4の分類過程ではまず年齢で区分し，次に職業で区分したが，この順を逆にした場合について，各段階で抽出される情報量を計算せよ．

問6 問4, 5の結果を使って，項目 A, B の関連度を評価する情報量を計算せよ．
　　本文で説明した関連情報量の定義を参照して答えること．

問7 問6で求めた関連情報量のかわりに χ^2 統計量を使うことが考えられる．これを計算してみよ．
　　注：問6で求めようとしている「関連情報量」は，プログラム CTA02E を使って計算できます．以下の問いについては，このプログラムを使いましょう．

問8 プログラム CTA02E を使って，情報量の定義と，分析手順における位置づけに関する説明をよめ．

問9 問6の計算をプログラム CTA02E を使って行なえ．

問10 (1) 表4.A.5は A：夫の誕生日の曜日と，B：妻の誕生日の曜日を組み合わせ区分別夫婦数を調べた結果である．これによって，A, B の間になんらかの関係が見出されるか否かを判定せよ．

(2) 本文ではこの表の区分数を減らした表について情報量を計算している．この表で計算した結果と本文の場合の計算結果がほぼ等しいことを示せ．
　　注：区分数を減らしても，項目 A, B の関連パターンがほぼ同様に検出できることを示しています．

問11 表4.A.6は，A：夫の年齢（結婚日）と，B：妻の年齢（結婚日）を2歳区分で区切って組み合わせた結果である．
　　これによって，A, B の間になんら

表 4. A. 3

第一段階 $A=$ 年齢で区分

計	A_1	A_2	A_3
100	45	35	20

表 4. A. 4

第二段階 $B=$ 職業で細分

	計	A_1	A_2	A_3
計	100	45	35	20
B_1	30	25	5	0
B_2	15	10	5	0
B_3	25	0	15	10
B_4	30	10	10	10

表 4. A. 5 ——（例 33）

妻	夫						
	日	月	火	水	木	金	土
日	3	3	0	3	2	2	3
月	3	1	3	1	2	2	2
火	3	2	1	2	2	2	2
水	2	2	1	2	1	1	1
木	2	3	2	3	1	3	2
金	2	2	5	3	1	1	2
土	0	0	1	2	5	3	3

表 4. A. 6 ——（例 33 A）

夫	妻							
	18	20	22	24	26	28	30	32
18	2	0	0	0	0	0	0	0
20	3	7	2	0	0	0	0	0
22	2	6	12	5	1	0	0	0
24	0	5	12	21	6	1	0	0
26	0	4	10	19	17	5	0	0
28	0	2	8	15	14	8	1	0
30	0	1	4	8	10	7	3	0
32	0	0	1	4	5	4	4	0
34	0	0	0	1	2	4	2	0

かの関係が見出されるか否かを判定せよ．
- **問 12** 次の表 4.A.7 について，回答区分 A と職業区分 B の関連度を評価する情報量を計算せよ．
- **問 13** 表 4.A.7 は，次の 4 つの部分表に分解できる．各部分表でみた回答区分と B の関連度を評価する情報量を計算せよ．
  - (1) 回答あり，回答なし
  - (2) 賛成，どちらともいえない，反対
  - (3) 賛成理由 1，賛成理由 2，賛成理由 3
  - (4) 反対理由 1，反対理由 2
- **問 14** 全体でみた情報量（問 12 で計算）が各部分表でみた情報量（問 13 で計算）の合計と一致することを証明せよ．
- **問 15** 問 12～14 の結果によって，表 4.A.7 のどの部分が有意であり，どの部分が有意でないかを判定せよ．
- **問 16** 問 12, 13 の情報量評価のために χ^2 統計量を使ってみよ．その場合には問 14 の関係は成り立たないことを示せ．

表 4. A. 7　世論調査の結果表の仮想例 ——（例 23）

職業	計	A_1	A_2	A_3	A_4	A_5	A_6	A_7
計	1200	95	140	90	215	150	170	340
B_1	300	20	45	20	50	30	30	105
B_2	200	25	30	10	45	20	25	45
B_3	350	30	35	25	60	60	80	60
B_4	350	20	30	36	60	40	35	130

$A_1 \sim A_3$：賛成理由，　A_4：どちらともいえない，　$A_5 \sim A_6$：反対理由，　A_7：無回答．

5 データ分解と情報量分解

この章は，これまでの各章で用意した構成比，特化係数，情報量を使って実際の問題を取り上げてみましょう．

ポイントは，基礎データの分解と情報量の分解とが対応することを利用して，分析，すなわち，データにもとづく説明を展開する手順を体系づけうることです．

この章では，そのことをいくつかの実例について説明します．

▶5.1 この章で扱う問題例

① まずこの章で扱う問題を例示しておきましょう．

1.5節で，7か国の青少年の意識を比べ，グラフをかき，それを手がかりにして3つのグループにわけよ … こういう問題を出してありました（11ページ）．たとえば

(イギリス/アメリカ/スイス)

(フランス/スウェーデン)

(ドイツ/日本)

といった案です．

ひとつの案ですから，当然，これとちがう案を出した人もあるでしょう．グラフによって判断せよとしたことも種々の案が出る理由ですが，たとえば数理的に，ある最適な案を見出す方法は … これを考えるのが，この章で扱う問題です．

この章では，グラフを使うかわりに，あるいはグラフによる判断をおぎなうために，情報量を使う方法を説明します．

② 基本的な部分に限れば，前章の簡単な応用です．

まずアメリカとイギリスとが似ていることは明らかなようです．似ている度合いを情報量で測ってみましょう．基礎データのうち両国の部分を取り上げて，前章の方法で情報量を計算すればよいのです（表5.1.1）．

他のすべての2か国組み合わせ(21対)についても同様に計算して,一覧表にまとめましょう(表5.1.2).計算は,コンピュータを使えば簡単です.

③ これをみて,情報量の小さい対,すなわち類似度の高い対を拾っていけばよいのです.

まず,(U, E)が79,(U, s)が37,(E, s)が52であり,2桁の情報量をもつ対はこれらだけですから,これら3か国を1つのグループとみなすことができます.

次に情報量が100〜200の対として(F, G),(F, S)があり,200〜300の範囲までひろげると(S, G)がつながります.これらが第二のグループです.(E, S)も200台ですが,Eはそれより近い(U, s)の方に含まれていますから(F, G, S)を第二のグループとしましょう.Jだけが残ります.これは,それだけで1つのグループとしましょう.

すなわち

  (E, U, s), (F, G, S), (J)

表5.1.1 2国の情報の類似度(情報量)計算 ──(例6)

N の表

国別	計	回答区分					
		ア	イ	ウ	エ	オ	カ
アメリカ	4116	281	1251	1481	908	182	13
イギリス	3898	227	1290	1274	744	337	26
2国の計	8014	508	2541	2755	1652	559	39

$2N \log N$ の表

国別	計	回答区分					
		ア	イ	ウ	エ	オ	カ
アメリカ	4116	281	1251	1481	908	182	13
イギリス	3898	227	1290	1274	744	337	26
2国の計	8014	508	2541	2755	1652	559	39

$\Rightarrow I_{A \times B} = 79$

表5.1.2 2国間の情報類似度(情報量) ──(例6)

		J	U	E	G	F	S	s
J	日本	─	945	558	338	686	700	812
U	アメリカ		─	79	741	696	336	37
E	イギリス			─	444	508	210	52
G	ドイツ				─	157	296	759
F	フランス					─	139	784
S	スエーデン						─	363
s	スイス							─

表 5.1.3　提唱された3グループについての情報量

区分	情報量	構成比
グループ内　メンバー間		
1.　(U, E, s)	163.45	5.7
2.　(G, F, S)	421.13	14.8
3.　(J)	0.00	0.0
計	584.57	20.5
グループ間 (1, 2, 3)	2266.37	79.5
メンバー間 (U, E, s, G, F, S, J)	2850.94	100.0

の3グループにわけよという提唱が浮かんできます．

④　2か国の対について情報量を計算しましたが，2か国以上の対についても，国間の差を評価する情報量を計算できます．

表5.1.3中の「グループ内メンバー間」の欄に示す情報量が得られるはずです．それらの計が584.57です．7か国を3グループにまとめた場合，グループ内の国間の差が失われることになるのですが，その情報量は584.57だということです．

7か国間の差異を表わす情報量は2851であったものが，584.57減って2266になるということですから，ロスは21%です．したがって，

　　　　　もとの情報の79%に注目すればよし

とするなら，この形で「3グループにまとめてもよい」と結論できます．

⑤　(U, E, s), (F, S), (G, J) とする代案について同様に計算すると（問題5の問1(3)），グループ間の情報量は2166となります．④で提示した案と比べややロスの多い案だという結果です．

まず，このようにして「グループわけの有効度を評価できること」がわかります．

つづいて，「最もよいグループわけ」を見出す方法は … ということになりますが，これは，後の章で説明します．

▷5.2　情報縮約の手法と論理

①　この章では，「いくつかの区分を合併して，基礎データの表現を簡単化する」手順を，前章で定義した情報量を使って，「データ解析の手続き」として組み立てうることを説明しようとしています．

②　区分の仕方は，情報の意味を考えて決められていますが，たとえば年齢別にみたとき，「ちがいがみられる区分」と「そうでない区分」とがありえます．したがって，概念規定上は等しく扱うべきものであっても，比較・分析といった「データをみる」場面において，その観点での注目を要する点をしぼることができます．

いいかえると，比較しようとする目的に応じて，「差がみられない箇所を落とす」ことを「ちがいを見出すステップ」だと位置づけることができます．

③ 「概念規定上ちがいが見出せるはずだ」と予想される箇所に注目するという観点と，「現実のデータの上で差がみられる」箇所に注目するという観点とを，後先はともかく，考慮に入れなければなりません．

どちらにしても，「ここに差が見出せる」という箇所をしぼる … それに応じて，データの表現を簡単化することになります．

④ その意味で「情報の縮約」ですが，
 a. 概念規定上の遠近
 b. データが示すパターンでみた遠近
の両面があり，前者を考慮することによって，
　　　"データの意味の読み方"についての妥当性
を確保しつつ，後者を考慮することによって，
　　　"データから判読できる範囲"についての限度
に即した形で情報縮約を進めるのです．

⑤ どちらにしても，データを参照しますが，データの果たす役割について，次の2つの場合が区別されることになります．
 a. 仮説主導型：「定義上からこんな読み方ができる」と思われる．
　　　　　　　そのこと(仮説)をデータの上で確認しよう．
 b. データ主導型：「データをみるとこんなパターンが見出される．」
　　　　　　　このこと(観察結果)をどう説明できるかを考える．

次節以降で，いくつかの典型的なケースをあげて説明しましょう．

▶5.3 定義に内包される階層構造を参照する場合

① **定義に階層構造が含まれている場合**　　一例として，次の表5.3.1(a)を分析する場合を考えましょう．

この例の場合，表頭の7区分は，意味上完全に並列するものでなく，表5.3.1(b)に示すように，
 (1) 回答あり・なしの区分，
 (2) 賛否区分，
 (3.1)賛成理由区分，　(3.2)反対理由区分
と，3段階の階層構造をもっています．

分析においては，当然，この階層構造を考慮に入れるべきです．

ここで T_1, T_2, T_3 は，表5.3.1(a)には数字がありませんが，他の数字の計として計算されるものです．必要に応じてつけ加えてください．ただし，これらが新しい情報ではありません．

② 表5.3.1(a)のデータは，この階層構造に対応して，表5.3.2に示す4つの部分表に分解されます．

5.3 定義に内包される階層構造を参照する場合

表 5.3.1 (a)　世論調査のデータ (仮想例) ―― (例 23)

	計	A_1	A_2	A_3	A_4	A_5	A_6	A_7
計	1200	95	140	90	215	150	170	340
B_1	300	20	45	20	50	30	30	105
B_2	200	25	30	10	45	20	25	45
B_3	350	30	35	25	60	60	80	60
B_4	350	20	30	35	60	40	35	130

表 5.3.1 (b)　表 5.3.1 (a) の表頭区分の階層構造

T_1	回答あり	レベル 1
T_2	賛成	レベル 2
A_1	理由 1	レベル 3.1
A_2	理由 2	レベル 3.1
A_3	理由 3	レベル 3.1
A_4	どちらともいえない	レベル 2
T_3	反対	レベル 2
A_5	理由 1	レベル 3.2
A_6	理由 2	レベル 3.2
A_7	無回答	レベル 1

表 5.3.2　基礎データ論理的分解 ―― (例 23)

A. レベル 1 の比較

	計	T_1	A_7
計	1200	860	340
B_1	300	195	105
B_2	200	155	45
B_3	350	290	60
B_4	350	220	130

B. レベル 2 の比較

	計	T_2	A_4	T_3
計	860	325	215	320
B_1	195	85	50	60
B_2	155	65	45	45
B_3	290	90	60	140
B_4	220	85	60	75

C. レベル 3.1 の比較

	計	A_1	A_2	A_3
計	325	95	140	90
B_1	85	20	45	20
B_2	65	25	30	10
B_3	90	30	35	25
B_4	85	20	30	35

D. レベル 3.2 の比較

	計	A_5	A_6
計	320	150	170
B_1	60	30	30
B_2	45	20	25
B_3	140	60	80
B_4	75	40	35

これら 4 つの部分表は，それらを 1 セットとして扱えば，もとの表の情報を"もれなく"，また，"重複することなく"表現しなおしたもの

になっています．

このことは，たとえば，表5.3.3のようにして確認できます．

この表のマーク「＋」は各表で計として取り上げる区分，「－」は内訳として取り上げる区分を示します．ある表で内訳として取り上げられ，他の表で計として取り上げられたものを除くという扱いに対応して，形式的に

　　　　「＋」，「－」を「＋1」，「－1」とみて加えあわせる

と，もとの表におけるデータの取り上げ方と一致することがわかります．すなわち，4つの成分表が「過不足なく全体表に対応している」ことがわかります．

したがって

　　　　　原データ＝Σ各成分表

と「加法的に分解される」ということができます．

表5.3.3 「加法的に分解される」ことの説明図

	T	T_1	T_2	A_1	A_2	A_3	A_4	T_3	A_5	A_6	A_7
部分表A	＋	－									－
部分表B		＋	－					－	－		
部分表C			＋	－	－	－					
部分表D								＋	－	－	
もとの表	＋			－	－	－	－		－	－	－

③　データの表現にこういう加法的分解を考えることができるとすれば，それぞれの部分がもつ情報量についても，加法的分解

　　　　原データの情報量＝Σ各成分表の情報量

が成り立つことを要請するのは自然です．

情報量の定義として，前節の $I_{A \times B}$ を採用すると，この関係が成り立っていることが簡単に証明できます．

例示についても，表5.3.4のとおり，そうなっています．

これによって，

　　　B の4区分間の差について，回答率に差があること，

　　　賛否パターン，および賛成理由に差があること，

　　　反対理由については差が小さい

と判定できます．

また，このことから，

　　　部分表Dの部分の分析を省略しても，情報量のロスは3％に過ぎない

こともわかります．

部分表Dがすでに用意されているにしても，議論を簡明にするためには割愛してよいということであり，今後同様の調査を行なう場合にこの部分の扱いを検討せよと

表 5.3.4 情報量分解 ——(例 23)

表の分解	情報量	構成比	自由度
全体表	90.795	100	18
部分表A	46.346	51	3
部分表B	24.465	27	6
部分表C	17.478	19	6
部分表D	2.506	3	3

表 5.3.5 χ^2 統計量 ——(例 23)

表の分解	χ^2 統計量
全体表	90.502
部分表A	44.880
部分表B	24.713
部分表C	17.597
部分表D	2.506

いう示唆が得られるのです.

④ この例でみたように,

　　情報表現の分解と,情報量の分解とを対応づけて論じうること

などから,この節の冒頭にあげた"分析手法の体系化"が実現できるのです.

⑤ 自由度についても,加法的分解が成り立ちます.

⑥ 情報量を,分散の定義にならって,"特化係数 $P_{I\times J}$ と1との偏差の2乗和"と定義することもできること,それが慣用される χ^2 統計量と一致することを前章で述べましたが,この章で扱っている問題に対して,この χ^2 統計量を適用すると,

　　"情報表現の分解"に対応する"情報量分解の加法性"が

　　　　等式としては成り立たず,近似的な関係

になってしまいます.

したがって,この章に示す分析まで進むときは,情報量の定義は,$I_{A\times B}$ によるべきです.

表5.3.5は,表5.3.4の情報量のかわりに χ^2 統計量を使った場合です.前述した加法関係は成り立っていません.

▶5.4 分析計画のための情報量計算

① 前節の手法を実際のデータに適用してみましょう.

3.4節で取り上げた「子供にどの程度の教育を受けさせるか」という質問では,大学・大学院と答えた場合にはつづいて,「子供を大学に進学させる理由」を質問しています.

これらの質問の答えが,男の子の場合と女の子の場合にわけ,さらに,男親の場合,女親の場合にわけて集計されています.

また,「どの程度」の質問についても「理由」の質問についても,「わからない」などレベルの異なる区分がおかれていますから,分析実行に先立って,集計表の見方を体系づけておくことが必要です.

そうして,データの構造に応じた比較を,もらすことなく,実行していくことが必要です.

② 被説明変数を「A_1：どの程度」と「A_2：理由」，説明変数を「親の性別」と「子の性別」として，区分の論理構造に応じた比較種別をリストアップしてみましょう。

表5.4.1，5.4.2は，どのような比較を行なうかを示す「分析計画表」とみなすべきものです。すなわち，被説明変数の取り上げ方として比較1から8までの8とおりを，説明変数の取り上げ方4とおりと組み合わせてみることを示しています。

表では，

　　　各比較で取り上げる範囲，すなわち「計」扱いする区分は T で，

表 5.4.1 分析のために取り上げる被説明変数区分 ――(例7)

データ区分		比較								
		0	1	2	3	4	5	6	7	8
T	全体$=A_{1.1}\sim A_{1.7}$	T	T	T	・	・				
$T_{1.1}$	$A_{1.1}\sim A_{1.6}$			・	1	T	・			
$T_{1.2}$	$A_{1.1}\sim A_{1.5}$			・	1	T				
$A_{1.1}$	中学まで	1	1			1				
$A_{1.2}$	高校まで	2	2			2				
$A_{1.3}$	短大まで	3	3			3				
$A_{1.4}$	大学まで	・	4			4				
$A_{1.5}$	大学院まで	・	5			5				
$A_{1.6}$	本人の意思による	4	6	2	・					
$A_{1.7}$	わからない	5	7	2	・	・				
$T_{2.1}$	$A_{2.1}\sim A_{2.10}=A_{1.4}\sim A_{1.5}$	・					T	T	・	・
$T_{2.2}$	$A_{2.1}\sim A_{2.7}$	・					・	1	・	T
$A_{2.1}$	多くの人がいっているから	6					1	・	・	1
$A_{2.2}$	幅広い教養を身につけるため	7					2	・	・	2
$A_{2.3}$	専門知識や技術を身につけるため	8					3	・	・	3
$A_{2.4}$	結婚の条件として	9					4	・	・	4
$A_{2.5}$	就職の条件として	10					5	・	・	5
$A_{2.6}$	よい友達や先輩が得られるから	11					6	・	・	6
$A_{2.7}$	皆がいくから	12					7	・	・	7
$T_{2.3}$	$A_{2.8}\sim A_{2.10}$	・					・	2	T	・
$A_{2.8}$	その他	13					8	・	1	・
$A_{2.9}$	特に理由はない	14					9	・	2	・
$A_{2.10}$	わからない	15					10	・	3	・

表 5.4.2 分析のために取り上げる説明変数区分

T	全体	0
B_{11}	男親の男の子に対する態度	1
B_{21}	男親の女の子に対する態度	2
B_{12}	女親の男の子に対する態度	3
B_{22}	女親の女の子に対する態度	4

その内訳として扱う区分は番号で示しています．

同じ番号の区分は，その比較では一括することを意味します．たとえば比較4では区分 A_1, A_2, A_3, A_4, A_5 を取り上げて比較すること，比較3では区分 $A_1 \sim A_5$ を一括した計と A_6 とを取り上げて比較することを示しています．

これらの比較は「どの程度」に関する部分（比較1～4）と，「理由」に関する部分（比較5～8）とにわかれています．そうして，比較1,5がそれぞれの部分での全区分を並列的に取り上げた比較です．したがって，

比較1＝比較2＋比較3＋比較4

比較5＝比較6＋比較7＋比較8

となっていることを確認してください．

また，比較0では「どの程度」をみる部分と「理由」に関する部分を統括した見方になっていますが，区分 $A_{1.4}$ と $A_{1.5}$ が $T_{2.1}$ にあたることから，$A_{1.4}, A_{1.5}$ の部分が「計扱い」すなわちマーク「・」になっています．

③　この計画にしたがって，各比較のための基礎データを用意し（表5.4.3），情報量を計算した結果が表5.4.4です．

情報量に関しては，第一の質問では比較4，第二の質問では比較8がそれぞれ桁ちがいに大きい情報をもっていることがわかります．

情報量の小さい比較2,3,6,7のうち2,6,7は，いずれも「わからない」または「そ

表5.4.3 分析の基礎データ ——（例7）

	T	$A_{1.1}$	$A_{1.2}$	$A_{1.3}$	$A_{1.4}$	$A_{1.5}$	$A_{1.6}$	$A_{1.7}$		
B_{11}	3596	12	679	163	1689	46	937	70		
B_{21}	4354	14	605	157	2169	73	1188	148		
B_{12}	3596	18	1327	853	358	13	935	93		
B_{22}	4354	22	1372	1127	503	14	1183	133		

	T	$A_{2.1}$	$A_{2.2}$	$A_{2.3}$	$A_{2.4}$	$A_{2.5}$	$A_{2.6}$	$A_{2.7}$	$A_{2.8}$	$A_{2.9}$	$A_{2.10}$
B_{11}	1852	166	933	1163	677	321	28	37	23	11	5
B_{21}	2326	244	1158	1355	977	385	58	35	22	15	7
B_{12}	1211	113	800	479	148	324	213	45	11	11	1
B_{22}	1630	163	1026	680	226	453	275	69	21	11	7

表5.4.4 各比較のもつ情報量(1) ——（例7）

比較	情報量	自由度	比較	情報量	自由度
比較1	4046.55	6	比較5	1276.13	9
比較2	10.22	1	比較6	1.92	1
比較3	4.39	1	比較7	5.04	2
比較4	4031.95	4	比較8	1269.17	6

の他」を含んだ比較です.「わからない」または「その他」だから分析範囲から除外する」という主張は受け入れられませんが,情報量が小さいことを確認した上での主張なら,受け入れてよいでしょう.

比較3の方は,「本人の意思による」という「1つの態度区分」を含む比較ですから,情報量が小さいというだけで分析範囲外にするのは避けましょう.また「4つの説明変数区分間で差がない」こと自体が,ノートすべき「分析結果」です.

④ 以上はここで取り上げた説明変数区分について比較した場合の結果であり,説明変数の取り上げ方を変更した場合には状況がかわってくる可能性があります.

⑤ 次に,2つの質問に関する比較をあわせて,情報量分析表をつくってみましょう.

表 5.4.5 各比較のもつ情報量 (2) —— (例 7)

比較	情報量	比較	情報量	比較	情報量
比較 0	5193.70	比較 1	4044.84	比較 5	1148.86
比較 1	4044.84	比較 2	10.22	比較 6	1.73
比較 5	1148.86	比較 3	4.39	比較 7	4.54
		比較 4	4034.24	比較 8	1142.60

比較0は,2つの質問のすべての回答区分を並列して扱う形になっています.

この比較は,区分数が多い上,レベルの異なる区分を並列していますから,結果を説明するためには不適当ですが,比較1~8を総合したものにあたりますから,「形式を整えるために」おいたものと考えましょう.ただし,次の2点に注意を要します.

第一は,区分5の扱いです.比較1~4ではこれをA_1~A_4と並立させていましたが,比較5以下ではこれをA_4と統合しています.理由別比較においてA_4, A_5が区別されていないからです.

第二は,比較6~9が重複回答を許す形で調査されていますから,人数の構成比でなく,回答数の構成比になっていることです.

このため,

  比較0~4ではA_4, A_5を一括して計算すること,

  比較5~8では「人数/回答数」をかけて比較0~4と同じベースにすること

の2点を調整して

  比較0=比較1+比較5

    =比較2+比較3+比較4+比較6+比較7+比較8

が成立する形にしてあります.

これから,質問1に関する比較が質問2に関する比較以上に大きい情報量をもつことが示されます.

▷5.5 3次元の組み合わせ表にすることの要否判断

① この節では,「統計表の分解」と「情報量の分解」とを結びつけて扱う考え方を,3次元の統計表の場合に適用して,

  2次元では充分でないから3次元にするか
  2次元の表でみれば充分といえるか

を判断する問題を扱ってみましょう.

② 表5.5.1は,生きがい観(A)の回答区分別構成比を,年齢(C)および性別(B)の組み合わせ区分別につくって対比する形式になっています(例1).これを,表$A \times BC$とかくことにしましょう.

形式上これをA, B, Cの三重組み合わせ表とみることができますが,Aが対比のために注目する被説明変数区分であり,BCがAについてみられる差を説明するために取り上げた説明変数区分だという"分析上の視点"を明示するためには,Aと(B, C)の二重組み合わせ表$A \times BC$だとみるべきものです.

③ この三重組み合わせ表$A \times BC$の分析を進めるには,対比区分BCの構造を考慮に入れます.形式上は,12区分のデータとみなせば二重組み合わせ表ですが,

表5.5.1 3要因組み合わせ表の例 ――(例1)

	T	A_1	A_2	A_3	A_4	A_5
T	3670	910	840	640	500	780
B_1, C_1	350	0	40	60	130	120
B_1, C_2	240	10	20	50	70	90
B_1, C_3	280	40	40	60	40	100
B_1, C_4	300	90	60	50	20	80
B_1, C_5	290	100	80	40	10	60
B_1, C_6	270	90	80	40	10	50
B_2, C_1	380	0	90	80	100	110
B_2, C_2	260	40	60	60	50	50
B_2, C_3	320	110	90	70	20	30
B_2, C_4	350	150	100	50	20	30
B_2, C_5	320	150	90	40	10	30
B_2, C_6	310	130	90	40	20	30

A…生きがい観は B…男女別 C…年齢区分
 A_1:子供 B_1:男 C_1:15~19
 A_2:家庭 B_2:女 C_2:20~24
 A_3:生活 C_3:25~29
 A_4:レジャー C_4:30~34
 A_5:仕事 C_5:35~39
              C_6:40~44

意味の異なる2項目の組み合わせですから，B, C をわけて考えなければならないのです．

たとえば

> 第一レベル：B による区分 ……………………… 表 $A \times B$
> B_1 における第二レベル C による区分 ……………… 表 $A \times C|B_1$
> B_2 における第二レベル C による区分 ……………… 表 $A \times C|B_2$

とわけて，差の所在をつめていく，これが考えられる1つの見方です．

このような観点では，

> 表 $A \times BC$ を，
> 部分表 $A \times B, A \times C|B_1, A \times C|B_2, \cdots, A \times C|B_J$ に分解する

ことができます．部分表の記号のうち，$A \times C|B_J$ は，B_J の範囲に限定して，A, C の関係をみる表という意味です．

これらの部分表について，表の分解式

$$A \times BC = A \times B + A \times C|B_1 + A \times C|B_2 + \cdots + A \times C|B_J + \cdots$$

が成り立ちます．

また，それに対応して，情報量の分解式

$$I_{A \times BC} = I_{A \times B} + I_{A \times C|B_1} + I_{A \times C|B_2} + \cdots + I_{A \times B|B_J} + \cdots \tag{1}$$

が成り立ちます．例示のデータでは，

$$I_{A \times BC} = 1246.0 - \left[\begin{array}{l} I_{A \times B} = 178.3 \\ I_{A \times C|B_1} = 537.2 \\ I_{A \times C|B_2} = 530.5 \end{array}\right\} \Rightarrow I_{A \times C|B} = 1067.7$$

となっています．

A と B, C の関係をまず B でクラスわけし，次に，B の各クラス内でみる … こういう見方に対応しています．したがって，$I_{A \times B}$ を級間情報量，$I_{A \times C|B_1}$ などの合計 $I_{A \times C|B}$ を級内情報量とよびます．$I_{A \times BC}$ すなわち，

> 全情報量を級内情報量と級間情報量に分解してみる

のが，上式の意味です．

④ 表4.2.1の場合，BC が B, C の完全な組み合わせになっていますから，B, C の順を入れかえて，C の方を第一レベル扱いにすることができます．この扱いでは，表形式および情報量の分解式は

$$A \times BC = A \times C + A \times B|C_1 + A \times B|C_2 + \cdots + A \times B|C_K + \cdots$$
$$I_{A \times BC} = I_{A \times C} + I_{A \times B|C_1} + I_{A \times B|C_2} + \cdots + I_{A \times B|C_K} + \cdots \tag{2}$$

となります．例示のデータでは次のようになります．

◆注 (1)式と(2)式から

$$I_{A \times B} - I_{A \times C} = I_{A \times B|C} - I_{A \times C|B}$$

が誘導されます．これは，A に対する B の効果と C の効果の「差をみる」ためには，A, B, C の3次元の表は不要だということです．

$$I_{A\times BC}=1246.0 \begin{cases} I_{A\times C} = 1093.6 \\ \left. \begin{array}{l} I_{A\times B|C_1}= 23.5 \\ I_{A\times B|C_2}= 33.0 \\ I_{A\times B|C_3}= 0.7 \\ I_{A\times B|C_4}= 81.8 \\ I_{A\times B|C_5}= 8.7 \\ I_{A\times B|C_6}= 4.7 \end{array} \right\} \Rightarrow I_{A\times B|C}=152.4 \end{cases}$$

⑤ もし，$A\times B|C_K$ に対応する情報量がどの区分 C_K についても小さいなら，項目区分 B による区分けは大きい情報ロスをもたらさない，よって，B による区分けを割愛してよいといえますが，そうなっていません．C の 6 区分中 3 区分で「誤差だけによって起こりうる範囲（1％限界）」をこえています．

計算結果では情報量 $I_{A\times C|B_1}$ と $I_{A\times C|B_2}$ とがほぼ等しくなっていますが，このことは，必ずしも，A と C との関連パターンが等しいことを意味するものではありません．したがって，このことから，「B で区分けする必要はない」という言い方は，もちろんできません．

したがって，

　　　A と C の関係をみるとき，B の効果を制御するためにも
　　　A と B の関係をみるとき，C の効果を制御するためにも
　　　三重クロス表を用意し，その表にもとづいて説明を試みることが必要だ

ということになります．

⑥ 一般に，項目 A, B によるクロス集計に対して別の項目 C を追加して 3 次元のクロス集計をすることの要否は

　　　$I_{A\times C|B_J}$ がどの区分 B_J においても小さいこと

によって判定されます．

これは

　　　「$I_{A\times B|C_K}$ がどの区分 C_K においても小さいこと」

とよみかえることができます．

また，この判定基準は，

　　　$I_{A\times BC}=I_{A\times B}+I_{A\times C|B_1}+I_{A\times C|B_2}+\cdots+I_{A\times B|B_J}+\cdots$

から

　　　$I_{A\times BC}$ と $I_{A\times B}$ の差が小さいとき

とおきかえることができます．

この差を $I_{A\times C|B}$ とかくこともできます．「B の効果を特定してみる」という意味を表わすために，条件つきだという意味の「|」と，条件を規定する変数 B を使った記号になっているのです．また，B については，種々の値を特定してみた一連の表の情報の総括になっていることから，添字 J はつけていません．

5. データ分解と情報量分解

図 5.5.2 ベン図による説明

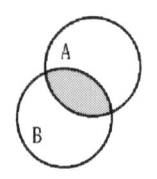

2つの情報ABの共通部分は，図の網目で表わされる	Aと(BC)との共通部分は，図の網目で表わされる	これを2つの部分にわけると A×BとA×C|B になる	これはA|B C|B の共通部分にあたる

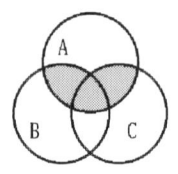

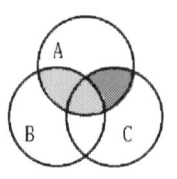

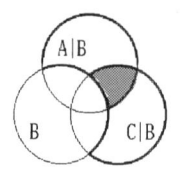

このテキストでは，このように，添字に種々の意味をもたせた記号体系を採用しています．

⑦ 図5.5.2はこれらの情報量の意味を比較するために，ベン図とよばれる形式で示したものです．
2番目，3番目，4番目の図が

A と BC の関係 …………………… A と BC との共通部分
A と B の関係 (C は無視) ……………… A と B との共通部分
A と C の関係 (B はすでに取り上げているものとして)
    …………………… B に属さないところでの
        A と C との共通部分

に対応しているのです．

◆**注1** クロス表を表わす記号として，3つの項目の組み合わせ，すなわち $A \times B \times C$ を使うことも考えられますが，ここでは，分析上の視点に応じて記号×を使うものとして，$A \times BC$ としています．

データの種類によっては，$A \times BC$ の見方も $B \times AC$ の見方も可能だという場合があるでしょう．その場合は，基礎データは同じでも見方によって記号を使いわけることになります．そのことの重要性を認識すべきだという趣旨の記号体系です．

見方を特定せず，データそのものを指すときには ABC と表わしましょう．

◆**注2** 質的データ解析のテキストでは，記号 $A \times B$ における×を，2つの事項 AB を組み合わせることによって新たに見出される情報 (A, B を別々に扱った場合には見出せない情報) という意味で使うことがあります．このこの考え方では，記号 $A \times B \times C$ は $A \times B, B \times C, C \times A$ のいずれでも説明できない部分 (3つの指標の相互関係) という意味で使うことになります．

この部分を扱う数理については，このテキストではふれません．

◆**注3** ベン図の表現における $A \times C|B$ の B の部分は，「B の影響を除去してみる」ことを示す「条件つき」の見方に対応していますが，集合論での表記では，「B の余集合でみる」という意味で $A \times C|\overline{B}$ と表わせというコメントがありえます．

▶5.6 分析計画

① 5.4節で「子供にどの程度の教育を受けさせたいと考えているか」を分析する問題を取り上げました．そこでは，説明変数として，
　　　　　子供の性別×親の性別の4区分
を想定しましたが，それ以外に
　　　　　親の世代
　　　　　親の学歴
なども取り上げることが考えられます．
　　　報告書をみると
　　　　　「受けさせる教育程度」についても，「理由別」についても
　　　　　親の性および年齢別にみた集計表
　　　　　親の性および学歴別にみた集計表
がありますから，5.4節の分析における説明変数をひろげることができます．
　子供の性別については，5.4節の分析で明らかな差がみられることがわかっていますが，そこで差が小さかった「親の性別」については，「親の年齢」と組み合わせて分析すると，かくれていた差が浮かんでくるかもしれません．
　よって，ここでは
　　　　　「親の性別」×「親の年齢」
および
　　　　　「親の性別」×「親の学歴」
について情報量を評価してみましょう．
　② 表5.6.1が，このための「分析計画表」です．
　以下に，この分析計画表に沿って情報量を評価した結果のうち親の年齢を取り上げた部分についての結果を示します．親の学歴を取り上げる部分については，各自で計算してみてください．
　基礎データはテキストの付録に収録してあります（付表B.2.1）．
　③ 表5.6.2は，被説明変数として「男の子にどの程度の教育を受けさせるか」という問いの回答7区分を取り上げた場合（表4.1.4の比較1）について，説明変数として$B=$親の性別2区分と$C=$親の年齢6区分の組み合わせ区分を取り上げた場合の情報量成分を示します．
　また，表5.6.3は，「女の子にどの程度の教育を受けさせるか」をきいた場合について，同様の分析を行なった結果です．
　これらの表において情報量を括弧書きした箇所は，それが「誤差範囲をこえているとはいえない」ことを示します．
　したがって，男の子に対する親の態度について

表 5.6.1 分析計画表 ──(例 7, 8)

被説明変数	表 5.4.1 に示した比較のうち比較 1 と比較 8
説明変数	A_1：男の子に関する調査結果と A_2：女の子に関する調査結果とについて 　　それぞれ　B：親の性別 (2 区分)×C：親の年齢 (6 区分) 　　および　　B：親の性別 (2 区分)×D：親の学歴 (5 区分)

表 5.6.2 男の子にどの程度の教育を受けさせるか ──(例 7)

比較	情報量	自由度	比較	情報量	自由度
$A\times BC$	367.6	66	$A\times BC$	367.6	66
$A\times B$	56.5	6	$A\times C$	294.8	30
$A\times C|B$	311.1	60	$A\times B|C$	72.8	36
$A\times C|B_1$	113.1	30	$A\times B|C_1$	20.9	6
$A\times C|B_2$	198.0	30	$A\times B|C_2$	(7.1)	6
			$A\times B|C_3$	(7.7)	6
			$A\times B|C_4$	(4.8)	6
			$A\times B|C_5$	(11.6)	6
			$A\times B|C_6$	20.6	6

表 5.6.3 女の子にどの程度の教育を受けさせるか ──(例 7)

比較	情報量	自由度	比較	情報量	自由度
$A\times BC$	355.6	66	$A\times BC$	355.6	66
$A\times B$	27.7	6	$A\times C$	278.9	30
$A\times C|B$	327.9	60	$A\times B|C$	76.7	36
$A\times C|B_1$	111.1	30	$A\times B|C_1$	12.9	6
$A\times C|B_2$	216.8	30	$A\times B|C_2$	(6.6)	6
			$A\times B|C_3$	14.7	6
			$A\times B|C_4$	(8.6)	6
			$A\times B|C_5$	(6.2)	6
			$A\times B|C_6$	27.7	6

a. 親の年齢区分によるちがいが大きいこと
b. 年齢によるちがいは，男親の場合より，女親の場合の方が大きいこと
c. 親の性別によるちがいは小さく，誤差範囲をこえているとはいえないこと
がわかります．
　女の子に対する親の態度についても同様です．
　よって，まず親の年齢区分によるちがいがどうなっているかを分析すべきです．
　5.4 節の表 5.4.2 の分析で「親の性別を取り上げ，親の年齢別を取り上げなかったこと」は，不適当だったということになります．

5.6 分析計画

表 5.6.4 男の子を大学に進学させる理由 ——（例7）

比較	情報量	自由度	比較	情報量	自由度
$A \times BC$	139.3	66	$A \times BC$	139.3	66
$A \times B$	20.5	6	$A \times C$	93.0	30
$A \times C\|B$	118.8	60	$A \times B\|C$	46.3	36
$A \times C\|B_1$	52.3	30	$A \times B\|C_1$	(6.4)	6
$A \times C\|B_2$	66.5	30	$A \times B\|C_2$	(8.5)	6
			$A \times B\|C_3$	(2.5)	6
			$A \times B\|C_4$	(7.5)	6
			$A \times B\|C_5$	(4.0)	6
			$A \times B\|C_6$	17.4	6

表 5.6.5 女の子を大学に進学させる理由

比較	情報量	自由度	比較	情報量	自由度
$A \times BC$	91.5	66	$A \times BC$	91.5	66
$A \times B$	(5.0)	6	$A \times C$	63.9	30
$A \times C\|B$	86.5	60	$A \times B\|C$	27.6	36
$A \times C\|B_1$	41.8	30	$A \times B\|C_1$	(0.8)	6
$A \times C\|B_2$	44.7	30	$A \times B\|C_2$	(5.9)	6
			$A \times B\|C_3$	(1.2)	6
			$A \times B\|C_4$	(1.8)	6
			$A \times B\|C_5$	(8.0)	6
			$A \times B\|C_6$	(9.9)	6

◇注　A と B の関係は，C の区分別にみると誤差範囲ですから，C の区分をまとめてみた場合に誤差範囲をこえていても，それが A, B の関係だとは解釈できません（「誤差範囲」という表現については次節で説明します）．A, C の関係が混同効果の形で影響している可能性もあります．

④　被説明変数として「男の子を大学に進学させる理由（7区分）」を取り上げた場合と，「女の子を大学に進学させる理由（7区分）」を取り上げた場合について，③ と同様に情報量成分表を求めた結果が表 5.6.4，表 5.6.5 です．

進学理由についても
 a.　親の年齢区分によるちがいが大きいこと
 b.　年齢によるちがいは，男親の場合も女親の場合も同様に大きいこと
 c.　親の性別によるちがいは小さく，誤差範囲をこえているとはいえないこと
がわかります．

⑤　「ちがいがある」とわかった部分について，「どうちがうのか」，さらに，その

ちがいは「どう説明されるか」を分析するステップに進むことになります．また，そうすべきですが，そのステップに進む前に，一連の「情報量成分表」によって，「客観的に重点をしぼる」ことができるのです．

⑥　このような分析を常に試みて情報を蓄積していけば，同様な調査を計画するときに，どんな調査事項を取り上げるか，どんな区分を採用するかを効果的に決めることができます．また，分析を進める上で，必要な集計表をもらすことなく決めることができます．

▶5.7　普遍性を確認するためのくりかえし

①　情報量が大きいときにはその表を分析して，構成比に差をもたらす要因について説明するステップへ進みます．これに対して，情報量が小さいときには，差をもたらす要因があるにしても「当面のデータでは確認できる大きさではない」と判定します．これが一般ですが，研究を進めるプロセスにおいては，

　　　1つのデータで見出された結果について
　　　　その再現性を確認するためにデータ収集・分析をくりかえす

ことも必要であり，その場合には，「情報量が小さい，すなわち，差が小さいこと」を確認できたとポジティブに評価することになります．

②　また，どんな現象も時の流れにともなって変化する可能性がありますから，時をかえて，観察・分析をくりかえします．その結果，変化が起こったことを確認できれば「役に立った」といえるでしょう．ただし，変化が検出されなかったときにも「むだだった」というわけではありません．「時の経過に不変な普遍性のある知見だ」と認識されることになるからです．

このような意図をもって，ほぼ同じ項目，同じ方法で数年おきにくりかえすという「調査計画」をもつ調査がいくつかあります．

5.1節などで取り上げた例6「青少年の意識の国際比較調査」はそのひとつで，1978年以降5年ごとにつづけて実施されています．

③　この節では，その結果のうち，「社会に出て成功する要因」に関する青少年の意識について「年次変化」の有無を調べてみましょう．

5.5節と同じ形式で分析できます．

　　A：　社会に出て成功する要因　　6区分
　　B：　対象国　　　　　　　　　　5区分
　　C：　年次　　　　　　　　　　　2区分

とおきかえて計算すればよいのです．

年次によって対象国の一部が入れかわっていますから，ここでは，毎回調査対象に含まれる「日本」，「アメリカ」，「イギリス」，「ドイツ(旧西ドイツ)」，「フランス」の5か国を取り上げて，1978年と1983年の間の変化と，1983年と1988年の間の変化

5.7 普遍性を確認するためのくりかえし

表5.7.1(a) 78年/83年の変化 ——(例6)

比較	情報量	自由度	
$A \times BC$	3534.93	45	
$A \times B$	3468.31	20	
$A \times C|B$	66.62	25	
$A \times C|B_1$	37.64	5	**
$A \times C|B_2$	11.89	5	*
$A \times C|B_3$	2.85	5	NS
$A \times C|B_4$	7.80	5	NS
$A \times C|B_5$	6.44	5	**

表5.7.1(b) 83年/88年の変化 ——(例6)

比較	情報量	自由度	
$A \times BC$	2697.51	45	
$A \times B$	2632.71	20	
$A \times C|B$	64.80	25	
$A \times C|B_1$	19.10	5	**
$A \times C|B_2$	5.31	5	NS
$A \times C|B_3$	8.50	5	NS
$A \times C|B_4$	19.71	5	**
$A \times C|B_5$	12.19	5	**

をみることにします.

④ 表5.7.1がその結果です.基礎データは付表B.1.1に掲載してあります.年次変化の大きさが情報量成分 $I_{A \times C|B}$ で評価されています.

どちらの期間についても,年次変化の大きさは,情報量で2%程度ですが,どんな問題でも「変化は小さいのが普通」ですから,小さいという理由で無視することはできません.国別にわけてみましょう.

国別にみると,B_1(日本)での変化が大きいようです.B_2(アメリカ),B_3(イギリス)では両年次とも誤差範囲内,B_4(ドイツ),B_5(フランス)は83/88年での変化が大きくなっています.

⑤ これらの表では,情報量について,誤差の範囲をこえているか否かを判定した結果を次のマークで示しています.

    ** …… 誤差範囲をこえている (1% 水準)
    *　…… 誤差範囲をこえている (5% 水準)
    NS …… 誤差範囲内

このことについては,別のテキスト(たとえば本シリーズ第1巻『統計学の基礎』)を参照してください.

有意差検定

情報をいくつかの部分に分解した場合,各部分の情報量は小さくなります.したがって,たとえば観察対象の選択いかんによる「偶然的な変化と識別できない」状態になるおそれがあります.そういう限界をこえている場合「有意差あり」といいます.また,「有意差あり」といえるかどうかを判定する統計手法が「有意差検定」です.

ただし,有意差というコトバについて,「現象説明に対応するもの,すなわち,意味のあるもの」ということではありませんから注意しましょう.

▶5.8 区分の集約

① 似た区分を集約する，不詳や無回答はその頻度が小さいなら無視する，大きい影響をもたらさない項目はクロスしないことにするなどの処置をとるとき，そうすることによる情報量ロスを計算して判断する … こういう方法を適用できることを説明してきましたが，こういう方法の適用において次の2つの場合を区別しましょう．

a. データの定義や意味を考えて適用する場合

これまでにあげた例では，

> 各区分について「データの定義上まとめてもよい」といえる場合

について，

> 「まとめた場合の情報量ロスをデータ側からもチェックする」

こういう考え方に沿っていました．したがって，たとえば，比較のための区分はあらかじめ定義されており，データの扱いもその区分を前提にして区分間の差異の有無を確認するという扱いでした．

この扱いでのデータ処理の流れ，すなわち，表の成分分解の視点は，表5.8.1(a)のように要約できます．

b. データでみた類似性を考えて適用する場合

これに対して，データの定義上からはまとめる必然性はなくても（たとえば概念上はまったく並立的に扱うべき区分であっても）

> データの側からみて，「似ているものをまとめる」

といった考え方で「大きいくくり」を見出していく … こういう扱いが許される問題もありうるでしょう．

表5.8.1(a) 表 $A \times BC$ の成分分解 … 分解の視点が特定されている場合

	A_1 A_2 A_I
$B_1 C_1$	
$B_1 C_2$	
⋮	
$B_1 C_K$	
$B_2 C_1$	
$B_2 C_2$	
⋮	$A \times BC$
$B_2 C_K$	
⋮	
$B_J C_1$	
$B_J C_2$	
⋮	
$B_J C_K$	

分析の視点

第一レベルの区分
$B_1, B_2, \cdots, B_J$
その各々に対して
第二レベルの区分
$C_1, C_2, \cdots, C_K$
を適用する

	A_1 A_2 A_I
B_1	
B_2	$A \times B(C)$
⋮	
B_J	

	A_1 A_2 A_I
C_1	
C_2	$A \times C \mid B_J$
⋮	
C_K	

5.8 区分の集約

表 5.8.1 (b)　表 $A \times BC$ の成分分解 … 集約の仕方を探索する場合

	A_1 A_2 A_3	集約の視点		A_1 A_2 A_3
B_1		B の区分数を減らして表	C_1	
B_2	$A \times B$	現を簡単化する	C_2	$A \times C$
		ただし，もとの表の示す		
B_K		情報をロスしないよう…	C_L	

結果的には区分 $B_1, B_2, \cdots$ の上位区分 $C_1, C_2, \cdots$ が設定されることになる．

表 5.8.2　区分をデータの分析で見出す扱いの例 ——（例 22）

	T	A_1	A_2	A_3	A_4	A_5
B_1	56	8	10	15	13	10
B_2	78	7	13	24	19	15
B_3	128	20	27	24	35	22
B_4	207	33	46	39	37	32
B_5	128	19	28	25	41	15
B_6	167	14	24	43	62	24
:		付表 B.6 を参照				

A：被説明変数区分は住民の職種区分，B：説明変数区分は東京都の 23 区．

5.2 節で述べたとおり，前者を「仮説主導型」，後者を「データ主導型」とよびます．
② この節では，後者の場合の例をあげましょう．

表 5.8.2 の情報にもとづいて，職種構成の点で似ている地域，相違している地域を見わけ，たとえば，6 つの地域区分に集約することを考えてみよう … こういう問題です．

表形式は最も単純な $A \times B$ ですが，B の区分数が多いので，なんらかの観点でそれを集約したくなります．ただし，表 5.8.1 (b) の観点で，「もとのデータがもつ情報からよみとれる特徴を見失うことのないよう」に要約しようという問題意識です．

形式的には，B の区分のいくつかをまとめた上位区分 $C_1, C_2, C_3, C_4, C_5, C_6$ を
　　　$I_{A \times C}$ と $I_{A \times BC}$ の差ができるだけ小さくなるようにする
問題となりますが，
　　　「区分 C のまとめ方はどんな組み合わせでもかまわない」
ものとして扱う場合だということができます．

この考え方を採用した場合のデータ処理の流れ，すなわち，情報集約の視点を要約したのが，表 5.8.1 (b) です．

図示のような「まとめ方を採用する」と決めたとすれば，そのまとめ方について，

これまでの節と同様に

$$I_{A\times CB} \text{ と } I_{A\times C} \text{ とを計算}$$

できます.

そうして，その差が小さいなら，区分 C 内での B による差は小さい，よって提唱されたくくり方はアクセプトできる … こういう言い方でした.

③ 結果は表 5.8.3 のようになります.

23 区をそれぞれ別の区分としたときの情報量は 306.30 ニットですが，提唱されたくくり方で区分に集約したときには 270.46 ニットとなります．減少率は 12% です.

この程度のロスで，23 区分を 6 区分に集約できるのですから簡明性を考えて，この提唱を受け入れてよいようです.

また，各区分 C における区間差異を評価する $I_{A\times B|C}$ も計算できますから，提唱されたくくり方による情報量ロスが，どの部分によって生じたかをみることができます.

表 5.8.3(b) の下部です．C_3, C_4, C_6 における $I_{A\times B}$ が 8 ニット台にそろっています．また，いずれも，A, B の間に特別の関連性がない場合の期待値 (= 自由度) 以下の値です．C_1 は 2 つの区のくくりであるのにかかわらず 4 ニットといういくぶん大きい値になっています．C_2 は 1 つの区を単独で扱っていますから $I_{A\times B}$ は 0 です.

④ これで終わりとはできないことに注意しましょう.

前節の場合とちがって，まとめ方が「ある必然性をもって提唱されたものではない」ことから，単に「情報量ロスが小さいというだけでは論拠が弱い」という批判がありえます．データをみた上での提唱であっても，それ以外のさまざまな対案がありえますから，「他の対案と比べてこの提唱がよい」ことを示すことが必要です.

そこで，たとえば「データ側からみてベストだ」ということを示すために，

$$\text{ありとあらゆる組み合わせ方について } I_{A\times C} \text{ を計算し比べてみよ}$$

ということになるのです．簡単にできるなら，そうしましょう.

表 5.8.3(a) 上位の区分 B のくくり方の 1 案

C_1	2 / 6
C_2	1
C_3	10/12/14/15/20
C_4	3 / 4 / 5 /13/16
C_5	9 /11/17/19
C_6	7 / 8 /18/21/22/23

表 5.8.3(b) (a) の案による成分分解

成分	情報量	自由度
$A\times BC$	306.30	88
$A\times C$	270.46	20
$A\times B|C$	35.84	68
$A\times B|1$	4.22	4
$A\times B|2$	0.00	0
$A\times B|3$	8.31	16
$A\times B|4$	8.64	16
$A\times B|5$	6.21	12
$A\times B|6$	8.46	20

しかし,「ありとあらゆるケース」ということは,区分数が多くなると,たとえ計算機を使うにしてもたいへんな計算量になります.

したがって,そこまでしなくても(そういう扱いは後のこととして),いくとおりかの候補をあげて比較することで,十分ベストに近い組み合わせ方が見出されるものです.たとえば,まず,情報量ロスの大きい区分 C_1 のまとめ方を考えなおしてみましょう.

⑤ 表5.8.3(a)に示した「くくり方の提唱例」において,「2」の区を区分1から区分2にうつして情報量がどうかわるかを計算してみてください.

また,どんな方法でもかまいませんから,よさそうなおきかえ案を提起して,その案の場合の情報量変化を計算してみてください.たとえば表5.8.4(a)のようにくくるのはどうでしょう.

この対策では,情報量ロスは11%だという結果となりました.原案では12%だったのが11%へと改善されたということです.

これ以上の改善もあるでしょうが,この節では,この程度でよしとしておきましょう.後の節でつづけます.

⑥ この結果について,次のようなコメントが出るでしょう.
- a_1. 大小はともかく,情報量ロスが減少したのだから,改善案を採用しよう.
- a_2. この程度のちがいなら,どちらでもよい.情報量による評価以外の諸般の事情を考えてどちらを採用するかを決めればよい.
- b_1. 諸般の事情というあいまいな基準は考慮に入れない方がよい.
- b_2. 前提条件がかわった場合に考えなおすということならよいだろう.たとえば上の計算は,取り上げた「特定年次のデータにもとづく計算」だから,他の年次について再計算すると結果がかわるかもしれない.
- c_1. どんな年次についても結果がかわらない … そういうくくり方が見出せるものなら,それを採用するという案には賛成できる.そういうくくり方を見出

表5.8.4(a) 区分 C のくくり方の対案

C_1	6
C_2	1 / 2
C_3	10 / 12 / 14 / 15 / 20
C_4	3 / 4 / 5 / 13 / 16
C_5	9 / 11 / 17 / 19
C_6	7 / 8 / 18 / 21 / 22 / 23

表5.8.4(b) 対案における情報量成分

成分	情報量	自由度
$A \times BC$	306.30	88
$A \times C$	273.62	20
$A \times B \mid C$	32.68	68
$A \times B \mid C_1$	0.00	0
$A \times B \mid C_2$	1.07	4
$A \times B \mid C_3$	8.31	16
$A \times B \mid C_4$	8.64	16
$A \times B \mid C_5$	6.21	12
$A \times B \mid C_6$	8.46	20

すためには，どういう方法をとるのか？

ベストを追求するという考え方には異論はありません，ただし，このようなコメントに対応することを考えることが必要となります．取り上げたデータの範囲でのベストですから，より広い観点での考慮を入れるともっとよい案が浮かんでくることはありえます．

そのためには，より広い観点でベストといえるものを見出しうるアドバンスな方法を適用することを考えるのです．

したがって，さらに別の章でこれにつづく方法を説明しますが，まずここまでのまとめをしておきましょう．

⑦　どんな方法によるにせよ，B の上位区分 C が設定されたとすれば，分解
$$A \times BC = A \times C + \sum A \times B|C_K$$
$$I_{A \times BC} = I_{A \times C} + \sum I_{A \times B|C_K}$$
が成り立ちます．

したがって，"類似したものをまとめる" という方針は，この分解式の
　　"右辺の第2項 $\sum I_{A \times B|C_K}$ が小さくなるように"
という量的な判断基準におきかえることができます．

そうして，決定係数
$$R^2 = \frac{I_{A \times C}}{I_{A \times BC}}$$
によって，集約の有効性を評価できます．

採用した集約法いかんにかかわらず，集約された結果の有効度がこの R^2 で評価されるわけですから，この値が十分
　　「達しうる最大限に近い」と判断できれば，よしとする
のです．

したがって，集約しない場合の情報量 $I_{A \times BC}$ と集約の仕方に関する候補のそれぞれについて $I_{A \times C}$ を計算して R^2 を比較すればよいのです．

ここまでで終わりにすれば簡単ですが，
　　達しうる上限が1とは限りません
から，もっとよい案があるのではないかと，気になるでしょう．経験をつめばおよその見当をつけうるものですが，「科学的」とはいえません．

到達しうる上限およびそれに対応する「くくり方」を求める方法はあります．

ただし，そう簡単ではありませんから，別のテキストにゆずりますが，そういう手法の基本的な考え方については，次の章で説明します．

● 問題 5 ●

問1 (1) 表 5.1.1 の計算によって 2 国の情報の類似度を示す関連情報量が 79 になることを，プログラム CTA02E を使って確認せよ．
(2) 表 5.1.3 のうち (U, E, s) の 3 国の情報の類似度を示す関連情報量が 163.45 であることを確認せよ．
(3) 表 5.1.3 で採用した 3 区分のかわりに (U, E, s), (F, S), (G, J) とする案を採用するものとして表 5.1.3 を改定せよ．

問2 (1) プログラム CTA03E を使って，構成比を比較する問題を
　　　　　構成比の計算 → 特化係数の計算 → 情報量の計算
　　　　　　　　→ 類似する区分の集約後の情報量の計算
　　　　　　　　→ 集約した結果について説明
の順に進めうること，また，この集約による情報量のロスはほぼ 5.3% であることを確認せよ．
(2) CTA03E では基礎データ 10 区分を (A, B), (C, D), (E, I), (F), (G, H), (J) と 6 区分に集約したが，つづいて 5 区分まで集約するものとして (集約の仕方は適宜判断せよ)，そうした場合の情報ロスがどうなるかを計算せよ．
　　プログラム CTA03 を使うこと．プログラムは CTA03E と同じように進行する．データは，例を指定すること．
　　　注：この問題の対象データは付表 B.6 の一部です．付表 B.6 の分析は，問 10～12 で取り上げます．

問3 (1) 表 5.1.3 の計算を CTA03 を使って行なえ．基礎データは，ファイル DQ22A に入っている．
(2) 表 5.1.3 の計算を別の年次 (たとえば 1983 年) について行ない，年次変化の有無を調べよ．ただしスイスが調査対象に入っていないので，これを除き，ブラジルと韓国を加えた 8 か国について分析するものとする．この場合も，3 区分に集約するものとする．
(3) (2) で提唱した集約を 1993 年のデータに適用して，情報量を比べよ．
(4) 1993 年のデータについて，(3) で採用した集約法よりよい集約法 (集約することによる情報量減少の少ない集約法) はないか検討せよ．

問4 (1) 本文 5.1 節で「社会に出て成功するのに重要な要因は何か」をたずねた結

果について国別比較を行なったが，回答区分のうち NA を他の回答区分と同列に扱っていた．この扱いに対する代案として，NA を除いてそれ以外の実質的な回答区分に注目して比較することが考えられる．この扱いによって，各国青少年の意識のちがいをよみとり，要約せよ．NA を除いたデータも DQ22A に入っている．

(2) (1) で NA を除いたことの妥当性を情報量の観点から評価せよ．

注：まず，10 か国をそれぞれ個別に扱って，回答区分 NA のちがいを，たとえば風配図でみた上，NA を除く扱いをした場合に有効とみられるグループわけを考えること．ただし，本文と同じグループわけをそのまま適用した場合についても計算して，NA を除いたことによる情報量変化と，変化を考慮に入れたグループわけ変更による情報量変化をわけて考えること．

問 5 (1) 付表 B.1.3 によって，「学校で学んだこと」に関する各国青少年の意識を比較し，意識のちがいを説明せよ．回答が MA であることは考慮しないものとする．

NA については，その数がかなり大きいので，それを含めた場合の計算と，それを除外した場合の計算を行なうものとする．

注：この表の基礎データは DQ12 に記録されています．対象国は，表示された 5 か国にブラジル，韓国を加えた 7 か国とします．また，対象年次は 1983 年とします．

注：NA の大小に関しても国民性のちがいがみられる可能性があります．したがってこの問いの回答でみた国民性のちがいと，この問いにかかわらず意識調査の結果に共通する国民性のちがいがあるとすればそれを見わけることが必要です．

(2) 回答を MA で求めていることを考慮して分析してみよ．

MA であることを考慮に入れるひとつの方法として，各回答肢ごとに，それを「あげた」，「あげなかった」と二分する形の表に組みなおして扱うことが考えられる．

表 5.A.1

国別	回答肢アを… あげた　あげなかった	国別	回答肢イを… あげた　あげなかった	以下各回答肢について同様
J		J		
U		U		
E		E		
G		G		
F		F		
S		S		
s		s		

この扱いをするためには，基礎データの扱い方をかえることになるため，データファイル DQ 12 を使えない．プログラム CTAIPT を使って，データを入力すること．

この扱いを適用して，国による差の大きい回答肢，差の小さい回答肢を見出せ．

問6 本文の表5.3.1における表頭の7区分において，A_3「どちらともいえない」を「回答あり・なし」に並ぶ区分（いいかえると，回答ありの下位区分でなく，あり・なしと同じレベルの区分）とみなして，表を分解し，情報量分解表（表5.3.3）を改めよ．

この問題の場合，区分の集約はデータの定義を考えて決めることになる．

こういう場合，プログラム CTA03X を使うことができる．

問7 （問3(3)のつづき）「2つの年次間にみられる差の大きさ」を評価するために，次の視点で情報量の成分を評価せよ．

表 5. A. 2

	合計		日本			アメリカ			イギリス			…
	計	83	93	計	83	93	計	83	93	計	83	93	…
レベル1の比較	○	○			○			○			○		
レベル2の比較1				○	○	○							
レベル2の比較2							○	○	○				
レベル2の比較3										○	○	○	
……………………													

この問いでも CTA03X を使うとよい．集約するのは表側におかれた「国と年次の組み合わせ区分である．複数の区分ルールを指定すると，それぞれの区分ルールによる計算がつづけて行なわれる．

この扱いを指定するには，2年次分のデータを1つのセットにまとめて記録しておくことが必要である．ファイル DQ22B にその形にしたデータが記録されている．

問8 付表 B.2.1 は，自分の子供が「大学にいったらよい」と思う理由を，父親，母親にたずねた結果であり，男の子に対する態度と女の子に対する態度とにわけて示してある．このデータにもとづいて

    a. 父親の男の子に対する態度の年齢区分別差異
    b. 父親の女の子に対する態度の年齢区分別差異
    c. 母親の男の子に対する態度の年齢区分別差異
    d. 母親の女の子に対する態度の年齢区分別差異

を，それぞれ要約せよ．

問9 問8では4とおりの比較を別々に行なったが，そうするかわりに

    父親の子に対する態度（a, b の基礎データをわけない扱い）
    男の子に対する態度（a, c の基礎データをわけない扱い）

などと基礎データの区分をまとめた分析で十分といえるか．情報量を使って判断せよ．

問10 (問8のつづき)
    e. 父親の「男の子に対する態度と女の子に対する態度のちがい」
    f. 母親の「男の子に対する態度と女の子に対する態度のちがい」
を分析せよ.

問11 付表 B.6 は東京 23 区について住民の職種構成を調べた結果である．これによって職種構成の類似している地域，相違している地域を見わけ，地域区分を少数に集約することを考えよ．たとえば

    レベル1の区分：大区分1, 　大区分2, 　　大区分3
    レベル2の区分：区 1, 2, 4, 　13, 14, 15, 17, 　6, …

の形の大区分を，「大区分内での差を評価する情報量が小さくなるように」定めることを考えればよい．なお，大区分の数は 6 として扱うものとする．

問12 問 11 について,「大区分が地理的に連続した区分になること」という条件をつけて扱え．

CTA03Xの使い方

使うデータを指定したら，右のようにそれを表示し，その上部に，どちらの区分を集約するかを指定せよという表示が出る.

```
区分集約ルールを指定   横方向…A 縦方向…B
      T   A1  A2  A3  A4  A5  A6  A7
 B1  300  20  45  20  45
 B2  200  25  30  10  40
```

ここでは，指標区分を集約するので A と入力する．

それに応じて，原データの区分番号が表示されるので，その下にそれぞれを「何番の新区分にするか」を入力していく．

```
原区分  1 2 3 4 5 6 7
新区分  ―
```

例示のように指定すると，賛成，どちらともいえない，反対の3区分となる．0 と指定した区分は，対象外となる．

```
原区分  1 2 3 4 5 6 7
新区分  1 1 2 3 3 3 0
```

```
構成比  PA/B   特化係数  PA＊B   情報量  IA＊B
グラフ    G    コピー      C    終わり      E
```

指定が終わったら Esc キイをおすと，処理メニューになる．

6 多次元データ解析の考え方

構成比は，複数の成分をもつデータですから，多次元データとして扱うべきです．したがって，多次元データ解析として用意されているさまざまな手法を適用できます．

ただし，それを説明するにはいくつかの準備が必要ですから，詳細は別のテキストにまかせるものとし，前章で取り上げた23区分の情報を6つの区分に集約する問題を例にとって，多次元データ解析を適用するとどのように扱えるかを解説することとします．

▶6.1 クラスター分析の考え方

① 5.8節の考え方を採用した場合の最適解の求め方を「数式を使ってかくこと」は困難ですが，コンピュータを使うことを前提にすれば，簡単に求められるようです．

ようですといったことに注意してください．いくつかの点を補足しなければならないので，ようですとしたのです．

要は，あらゆる組み合わせを逐一チェックしていけばよいのです．その意味では簡単なことです．ただし，あらゆる組み合わせ方の数が，たとえば1000兆というたいへん大きい値になりますから，コンピュータを使って1組1秒で計算したとしても300万年というとてつもない時間が必要となります（注1）．簡単に求められるとはいえません．

そこで，たとえば「計算するまでもなく情報量ロスが大きいとわかる組み合わせを除外する」とか，「ある案を逐次改善していく」など

　　　　　計算手順の組み立て方

を考えなければならないのです．

コンピュータが必要ですから計算用のソフトが開発されています．それを使えば簡

単に計算できます(注2)が,「それぞれのソフトがどんな手法を採用しているか」が問題です.たとえば,あらゆるケースを調べる仕組みになっておらず,ある案を逐次改善していく仕組みを与えるプログラムを使う場合,最初の案(初期値といいます)の与え方によってちがった結果になる … そういう可能性があるかもしれません.ベストな解が出力される … ということになっていても,それぞれのソフトが採用している前提下での「局所的なベスト」ですから,そのことを知った上で使いましょう.

◆注1　5.8節で取り上げた問題,すなわち「23区を6つの区分にわける」問題については,あらゆるわけ方は 9.99×10^{14} となります.また,「47県を6つの区分にわける」あらゆるわけ方は 5.19×10^{33} となります.

◆注2　現在のパソコンを使うと,23なら簡単です.47なら1時間がかりでなんとか計算できます.100になるといろいろな問題が出てきます.

もっと基本的なことは,改善度を測る基準です.
この節で例示する「クラスター分析」についていえば,
　　　　データの類似性に注目して区分を集約していく手法
ですから,類似度をどう測るかが問題です.
クラスター分析という「総称」でよばれておりますが,
　　　　「類似度を測る基準」や
　　　　「計算手数を減少させるための工夫」など
によって区別されたたくさんの方法が提唱されているのです.したがって,各プログラムで採用されている基準や計算手法を知った上で使うべきです.

また,結果をよむには,かなりの経験が必要です.結果が数値で表わされているにしても,「それをどうよむか」というステップ … 実際に適用する場面では最も重要なステップを経なければならないのです.

このような点の解説は,このテキストの範囲をこえますから,本シリーズ第7巻『クラスター分析』を参照してもらうことにして,ここではいくつかの基本概念 … このテキストで解説した「情報量」が中心的な役割を果たすことを指摘しておきましょう.

②　区分の仕方を見出す,すなわち,分類するという観点では,2とおりの接近法が考えられます.
ひとつは,
　　　　ある区分数が想定されており,その区分数に対応する区分を見出す
ところを取り扱う場合であり,もうひとつは,
　　　　区分数を特定せず,2区分,3区分,…と順を追って
　　　　細分していく形の系統分類を見出す
ことを問題とする場合です.
後者の場合の手法が「階層的手法」,前者の場合の手法が「非階層的手法」とよばれています.それぞれを③,④で説明しましょう.

③ **階層的手法**　逐次わけていくと説明しましたが，
最初すべて異なる区分だとみなし，それを逐次合併していくことだということもできます．
したがって，次の手順を採用します．
 i．まず最も近い対(2つの区分)を合併する．
　　これにより区分数が N から $N-1$ に減る．
 ii．次に，i の合併を前提として，
　　$N-1$ とおりの単位の範囲で最も近い対を合併する．
　　これにより区分数が $N-1$ から $N-2$ に減る．
 iii．次に，i，ii の合併を前提として
　　$N-2$ とおりの単位の範囲で最も近い対を合併する．
 iv．これをつづける．ただし
　　・予定した区分数になったら終わりとする．
　　・情報量のロスの累計がたとえば 5% に達したら終わりとする．
　　・区分数が 1 になるまでつづける．
　　などの終了ルールを適用する

この形の手法を「階層的手法」とよびます．
この手順で，クラスター間距離あるいは観察単位とクラスターとの距離を測るときに，クラスターの代表点として重心を使うものとします．
数量データの場合のウォード法に対応しています．

図 6.1.1　分類体系を表わすデンドログラム ──(例 22)
(5.8 節の問題に適用した結果)

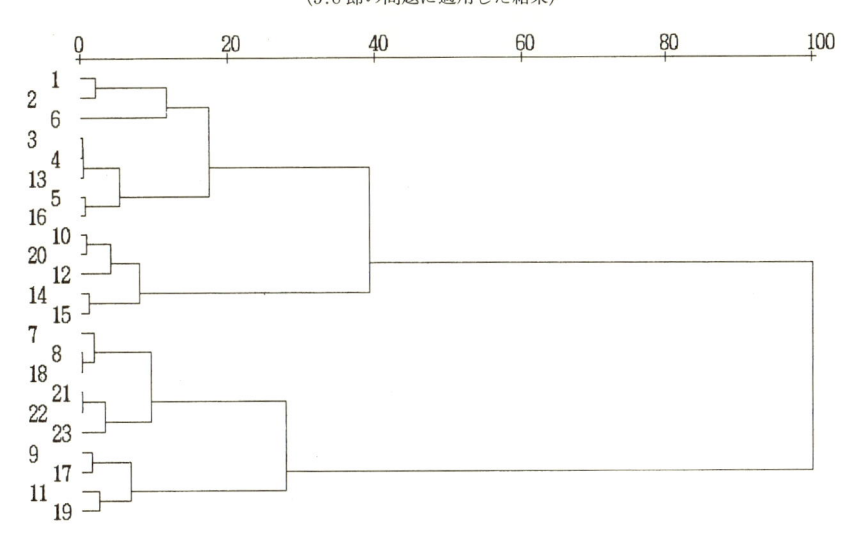

6. 多次元データ解析の考え方

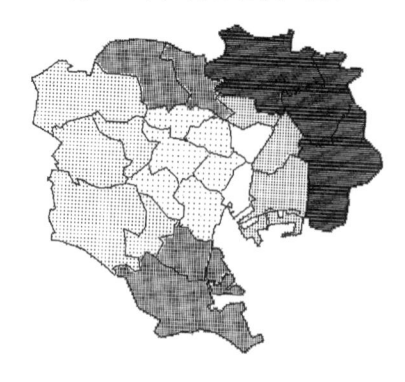

図 6.1.2 (a) 非階層的手法によって見出された地域区分 ────(例 22)

```
     コウセイヒ  PIJ

クラスター 0   0.120  0.211  0.182  0.388  0.099
クラスター 1   0.175  0.272  0.182  0.282  0.089
クラスター 2   0.106  0.211  0.162  0.431  0.090
クラスター 3   0.067  0.143  0.176  0.531  0.083
クラスター 4   0.070  0.172  0.163  0.539  0.056
クラスター 5   0.086  0.151  0.273  0.331  0.159
クラスター 6   0.148  0.224  0.195  0.286  0.147

111111122222222223333333334444444444444444444555555
111111122222222223333333334444444444444444444555555
11111222222222223333333334444444444444444444555555
11122222233333333344444444444444444444444444555555
11222222233333333344444444444444444444444444455555
1112222223333333333444444444444444444444455555555
11111112222222222333333333344444444444444455555555

     トッカケイスウ  QIJ

クラスター 0   0.000  0.000  0.000  0.000  0.000
クラスター 1   1.458  1.289  1.000  0.727  0.899
クラスター 2   0.883  1.000  0.890  1.111  0.909
クラスター 3   0.558  0.678  0.967  1.369  0.838
クラスター 4   0.583  0.815  0.896  1.389  0.566
クラスター 5   0.717  0.716  1.500  0.853  1.606
クラスター 6   1.233  1.062  1.071  0.737  1.485

クラスター 1    +      +      .      -      .
クラスター 2    .      .      .      .      .
クラスター 3    --     -      .      +      .
クラスター 4    --     -      .      +      --
クラスター 5    -      -      +      .      ++
クラスター 6    +      .      .      -      +

     メンバーヒョウ

クラスター 1    /10/12/14/15/20/
クラスター 2    / 9/11/17/19/
クラスター 3    / 7/ 8/18/
クラスター 4    /21/22/23/
クラスター 5    / 2/ 6/
クラスター 6    / 1/ 3/ 4/13/16/
```

図 6.1.2 (b) 図 6.1.2 (a) の出力

図 6.1.3 (a) 階層的手法によって見出された地域区分 ── (例 22)

```
       コウセイヒ   PIJ

クラスター 0    0.120   0.211   0.182   0.388   0.099
クラスター 1    0.112   0.172   0.291   0.239   0.187
クラスター 2    0.148   0.227   0.190   0.290   0.145
クラスター 3    0.084   0.144   0.258   0.371   0.144
クラスター 4    0.069   0.159   0.169   0.536   0.068
クラスター 5    0.106   0.211   0.162   0.431   0.090
クラスター 6    0.175   0.272   0.182   0.282   0.089

1111111222222222233333333344444444444444444444555555
1111122222222233333333333334444444444444555555555555
1111111222222222223333333333444444444444444555555555
1111222222233333333333334444444444444444444444555555
1112222222333333334444444444444444444444444444555555
1111222222222233333333344444444444444444444444555555
1111111122222222222223333333333344444444444444555555

       トッカケイスウ  QIJ

クラスター 0    0.000   0.000   0.000   0.000   0.000
クラスター 1    0.933   0.815   1.599   0.616   1.889
クラスター 2    1.233   1.076   1.044   0.747   1.465
クラスター 3    0.700   0.682   1.418   0.956   1.455
クラスター 4    0.575   0.754   0.929   1.381   0.687
クラスター 5    0.883   1.000   0.890   1.111   0.909
クラスター 6    1.458   1.289   1.000   0.727   0.899

クラスター 1      ・      −      ++     −−     ++
クラスター 2      +      ・      ・      −      +
クラスター 3      −      −      +      ・      +
クラスター 4      −−     −      ・      +      −
クラスター 5      ・      ・      ・      ・      ・
クラスター 6      +      +      ・      −      ・

       メンバーヒョウ

クラスター 1    / 1/ 2/
クラスター 2    / 3/ 4/13/ 5/16/
クラスター 3    / 6/
クラスター 4    / 7/ 8/18/21/22/23/
クラスター 5    / 9/17/11/19/
クラスター 6    /10/20/12/14/15/
```

図 6.1.3 (b) 図 6.1.3 (a) の出力

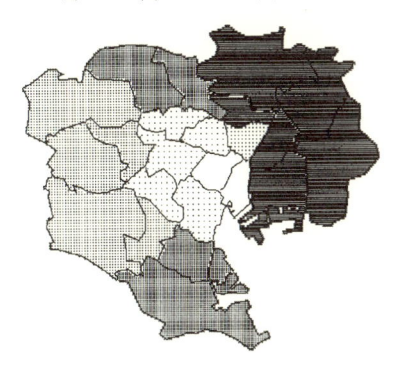

この手続きによる合併経過を，図6.1.1のように図示できます．
④ これは，5.8節で取り上げた
　　東京23区を
　　それぞれの住民の職種構成でみて類似したものをまとめることにより，
　　6つの地域区分を見出す
問題に適用した結果です．
　左から右へみていけば「逐次合併」であり，右から左へみていけば「逐次分類」です．逐次合併を想定してみていくと，合併して区分数を減らしていくにつれて，情報量ロスが大きくなるのですが，たとえば区分数6にしたとしても，そのロスは10%に過ぎないことがよみとれます．
　図6.1.1は，動植物の分類体系を表わすときに採用されていた分類系統図と同様な図になっており，樹木の枝わかれの模様で図示しているので，樹状図（デンドログラム）とよばれるのですが，区分数の変化に応じる情報量変化を示す形になっていることに注目してください．「この枝のところで区分すればもとの情報の○%をカバーする」という形で，区分の有効度の評価値をよみとれるのです．

⑤ **非階層的手法**　K区分にわけると特定して考えるものとすれば
　ⅰ．N個の単位をK区分に集約する「ある案」から出発して，
　ⅱ．単位Iを区分Aから除き，区分Bの方にうつした場合の情報量変化を(I, A, B)のあらゆる組み合わせについて計算し，
　ⅲ．その増加が最も大きい組み合わせについて入れかえを実行する．
　ⅳ．これを入れかえによって増加する対がなくなるまでつづける．
という手順を採用できます．
　このアルゴリズムによる手法を「非階層的手法」とよびます．
　◆注　この方法では，区分数Kに対応する最適解を求める場合，区分数$K-1$に対応する最適解を考慮に入れませんから，④の場合のような階層構造をもつとは限りません．

　類似度を情報量で測るものとすれば，(I, a, b)を入れかえたことによる情報量ロスは次の式で計算されます．
$$\Delta I = \sum [F(N_{AK}, N_A) + F(N_{BK}, N_B)] - \sum [F(N_{AK}{}^*, N_A{}^*) + F(N_{BK}{}^*, N_B{}^*)]$$
ただし
$$N_A{}^* = N_A + N_I, \quad N_{AK}{}^* = N_{AK} + N_{IK}$$
$$N_B{}^* = N_B - N_I, \quad N_{BK}{}^* = N_{BK} - N_{IK}$$
$$F(X, Y) = 2X \log(X/Y)$$
非階層的手法とちがって，集約する区分数を特定して扱っています．したがって，理屈の上では，その区分数を採用する限りにおいてベストな解が得られます．
　ただし，計算をはじめるために採用する「初期値」の選び方いかんによって答えがちがうという問題があります．

このことは，適用上たいへん重要な注意点です．たとえばいくとおりか選び方をかえて計算してみましょう．

ここでは，クラスターを代表する点として重心を採用するものとします．数量データの場合の K-MEANS 法とよばれるものに対応する扱いです．

⑥ 図 6.1.2 (a), (b) が非階層的手法によって見出された地域区分です．6 区分にすることを想定した場合です．

図 6.1.3 は，階層的手法によって見出されたデンドログラム (図 6.1.1) における区分数 6 の断面として決まる地域区分です．

図 6.1.2 の地域区分間のちがいを評価する情報量は 275.69, 図 6.1.3 の地域区分間のちがいを評価する情報量は 273.76 です．

非階層的手法による解は，初期値の選び方 10 とおりの解の範囲でベストなものを採用しましたが，それでも階層的手法による解におよびません．この例では階層的手法の方がよかったという結果ですが，いつもそうだとは限りません．

23 区をそれぞれ別区分とみなしたときの情報量は 306.41 ですから，それに対する比でみると，90.5%, 90.0% です．わずかな差といってよいでしょう．

また，情報量基準での差が大きくないなら，これらの方式で機械的に決めてしまわず，たとえば「クラスターが地理的につながっている」といった付加条件を考慮して決めることを考えてよいのです．

▶ 6.2　尺度化の考え方

① 2.3 節で，特化係数を図示した表 2.3.3 を手がかりにして，
　　区分をおく順序を入れかえる，あるいは合併する
ことによって，
　　「データが示す特徴を簡明によみとれるようにできる」
ことを例示しました．

次の表 6.2.1 が，そこで示した表 2.3.3 と表 2.3.4 をまとめたものです．
この図において採用した処理について

表 6.2.1　区分の並べかえと集約の一例

	A_1	A_2	A_3	A_4			A_2	A_1	A_3	A_4			A_2	A_1	A_{3+4}
B_1	·	++	−	−−		B_1	++	·	−	−−		B_1	++	·	−−
B_2	·	·	−−	−−		B_2	·	·	−−	−−		B_2	·	·	−−
B_3	·	·	·	·	⇒	B_3	·	·	·	·	⇒	B_3	·	·	·
B_4	·	−−	·	+		B_4	−−	·	·	+		B_4	−−	·	·
B_5	·	−−	·	+		B_5	−−	·	·	+		B_{5+6}	−−	·	+
B_6	·	−−	+	+		B_6	−−	·	+	+					

区分 A_1, A_2 を入れかえ　　　　区分 A_3, A_4 と B_5, B_6 を合併

図 6.2.2 質的データに順序を導入する

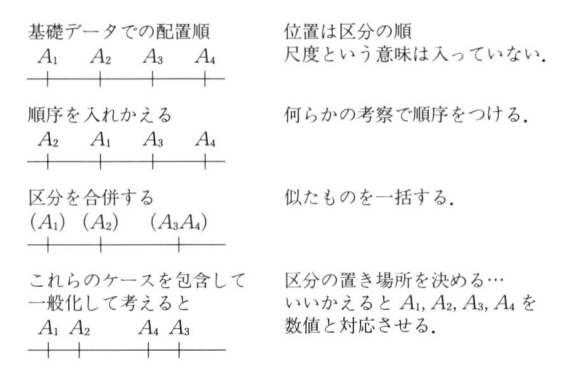

```
基礎データでの配置順              位置は区分の順
 A₁   A₂   A₃   A₄              尺度という意味は入っていない．
 ┼────┼────┼────┼

順序を入れかえる                  何らかの考察で順序をつける．
 A₂   A₁   A₃   A₄
 ┼────┼────┼────┼

区分を合併する                    似たものを一括する．
(A₁) (A₂)   (A₃A₄)

これらのケースを包含して          区分の置き場所を決める…
一般化して考えると                いいかえると $A_1, A_2, A_3, A_4$ を
 A₁ A₂       A₄ A₃              数値と対応させる．
 ┼──┼────────┼──┼
```

  「区分を入れかえる」 ⟺ 「順序をつける」
  「区分を合併する」 ⟺ 「同じ順位をわりあてる」

とよみかえることができます．
　また，これらの処理によって，区分 A_1, A_2, A_3, A_4 の位置づけがかわったことを，図6.2.2の3段目までのように表わすことができます．
　この考え方をさらにひろげて，図6.2.2の4段目のように

  「差の大きい区分は離しておき，差の小さい区分は近くにおく」

ことにすると，もともとは分類区分であった情報に対して

  「数量的な位置づけを導入する」

ことになります．

　② この考え方を数理的な手法として組み立てたものが「尺度化の方法」です．
　もちろん，1つの尺度では表わせない場合も考えに入れるべきですから，必要に応じて2つ，3つ，… の尺度を採用するものとした「多次元尺度化の方法」まで進めることができます．
　数量データといえども，「目的に応じて計測方法を定めて求めたもの」ですから，目的以外の使い方に対して妥当な評価値だとはいえないことがありえます．
　カテゴリカルデータといえども，たとえば別の要因の関係をみようとする場合に，ある順序関係を見出せる場合がありえます．
　したがって，「数量」は計測あるいは分析の目的に応じて，オペレーショナルなものとみることができます．
　このような観点で使われる「数量化の方法」の1つとみることもできます．その観点では，「数量化 III 類」という呼称がよく使われています．

　◆**注**　フランスでも，ほぼ同様な考え方で開発されており，対応分析 (Correspondence Analysis) とよばれています．

6.2 尺度化の考え方

表 6.2.3 数量化 III 類の考え方

		A_1	A_2	A_3	$\cdots$	A_I	$\cdots$
		X_1	X_2	X_3	$\cdots$	X_I	$\cdots$
B_1	Y_1	N_{11}	N_{21}	N_{31}	$\cdots$	N_{I1}	$\cdots$
B_2	Y_2	N_{12}	N_{22}	N_{32}	$\cdots$	N_{I2}	$\cdots$
$\vdots$	$\vdots$			$\vdots$			
B_J	Y_J	N_{1J}	N_{2J}	N_{3J}	$\cdots$	N_{IJ}	
$\vdots$	$\vdots$						

区分 A_I を代表する評価値 X_I と,区分 B_J を代表する評価値 Y_J を定めることを考える.A, B の関係を最大限くみとるという意味で,相関係数が最大になるように定める.手がかりとする情報は N_{IJ}.

③ この「数量化 III 類」では,表 6.2.1 の説明中で「何らかの考察」といったところを,2 次元のクロス表 A, B の形のデータにもとづいて,

　　「B との関係を考慮して A の区分を順序づける」
とおきかえます.

こうして,A の区分を順序づけると,それにもとづいて,B の区分についても順序づけができます.

したがって,

　　「A の区分に対して与える評価値と
　　　B の区分に対して与えられる評価値との
　　　相関が高くなるように」
とおきかえても,同じ結果が得られることになります.

よって,「数量化 III 類の数式表現」の誘導基準を次のようにかくことができます.

$$\rho = \sum\sum N_{IJ} X_I Y_J \Rightarrow \text{Max}$$
$$\text{ただし}$$
$$\sum N_{I0} X_I = 0, \quad \sum N_{I0} Y_I = 0$$
$$\sum N_{I0} X_I^2 = 1, \quad \sum N_{I0} Y_I^2 = 1$$

この問題の解として

　　　(X_I), (Y_J)

が定まります.具体的な計算手順の誘導については,このテキストでは省略します.本シリーズ第 8 巻『主成分分析』を参照してください.

④ $A =$ 生きがい観と $B =$ 年齢および性別の関係(付表 B.3)に対してこの方法を適用してみましょう(例 1).

この表の表側は,年齢 6 区分と性別 2 区分の組み合わせになっていますが,数量化

表 6.2.4(a) 生きがい観区分の評価値 X_1 ——(例 1)

区分	A_1 子供	A_2 家庭	A_3 生活	A_4 余暇	A_5 仕事
評価値	-1.32	-0.51	0.26	1.58	0.86

表 6.2.5(a) 年齢・性別区分の評価値 Y_1 ——(例 1)

区分別	年齢					
評価値	15~19	20~24	25~29	30~34	35~39	40~44
男	1.70	1.45	0.64	-0.28	-0.64	-0.65
女	1.17	0.41	-0.71	-1.00	-1.17	-0.94

評価値は，単位をもたない値ですから，平均 0，標準偏差 1 にスケーリングしてある．また，符号の正負は，順序を示すだけであり，それ以上の意味をもたない．

評価といっても価値判断を加えた評価ではない．位置の変化を量的に計測した数値なので，評価という言葉を避けて，スコアーとよぶことが多い．

III 類の計算ではそういう構成を考慮せず，12 区分が並列されているものとして扱います．計算結果をよむときには，もちろん，この構成を考慮に入れます．したがって，計算結果の表示では，年齢区分を B，性別区分を C と表わすことにします．

表 6.2.4(a) は，生きがい観区分に対する評価値 X，表 6.2.5(a) は，年齢および性別区分に対する評価値 Y です．

⑤ 求められた評価値は，余暇 → 仕事 → 家庭 → 子供 という順に対応しています．また，この順が，年齢に対応しています．このことから，就職前の学生 → 就職 → 結婚 → 出産 という人生のイベントに対応する変化を表わす値になっているものと解釈できます．

この解釈に対して，就職を経由せずに家庭に入る人がいる，そういう場合を区別せずに，一線に並べたスコアーでは，現象の説明に不十分だ … そういうコメントがあるでしょう．

⑥ 数量化の方法は，そういう問題意識に対応できるようになっています．

どんな現象でも 1 つの尺度では表現しきれないものです．したがって，必要に応じて 2 つ以上の尺度を導入します．

すなわち，$(X_I), (Y_J)$ を 1 次元と限ることなく

  ρ の最大値に対応するもの，
  2 番目に大きい値に対応するもの…

と順を追って，2 つ以上の解を求めることができるようになっているのです．

すべての ρ^2 を求めると，$\sum \rho^2$ はほぼ平均情報量 $I_{A \times B}$ と一致しますから，

  採用した尺度によって

6.2 尺度化の考え方

表 6.2.4 (b) 生きがい観区分の評価値 X_2 ——（例 6）

区分	A_1 子供	A_2 家庭	A_3 生活	A_4 余暇	A_5 仕事
評価値	-0.15	-0.72	-0.06	-1.52	1.62

表 6.2.5 (b) 年齢・性別区分の評価値 Y_2 ——（例 6）

区分別 評価値	年齢					
	$15\sim19$	$20\sim24$	$25\sim29$	$30\sim34$	$35\sim39$	$40\sim44$
男	-0.76	0.72	1.98	1.65	0.96	0.54
女	-0.85	-1.02	-0.78	-0.71	-0.25	-0.69

基礎データのもつ情報の何% を表現できたか
を評価できます．したがって，$\sum \rho^2$ を参照して何次元まで採用するか決めるのです．

例示では，もう 1 次元増やすと，表 6.2.4 (b) および表 6.2.5 (b) の評価値 X_2, Y_2 が計算されます．

評価値 X_2 が，仕事とそれ以外とを識別する尺度になっていることがわかります．

X_1, X_2 をセットにしてみることによって，仕事をもつ場合と，もたない場合とをわけて説明できるようになっています．確認してください．

また，Y_1, Y_2 を参照して，男の場合と女の場合のちがいが説明できることも確認できます．

このような説明を簡明に進めるためにはグラフが有効です．

2 つの尺度をセットとして扱うのですから，

　　　横軸に尺度 1，　縦軸に尺度 2

をとって，区分 A の位置をプロットしてみましょう．図 6.2.6 です．

右下に「余暇」，右上に「仕事」，左下に「子供・家庭」と位置づけられています．いわば，これらが 3 極をなしているのです．

区分 B の評価値の位置を同じ図に重ねてプロットすると，B と A の関係をよみとることができます．図 6.2.7 です．

男の場合，年齢とともに

　　　右下 → 右上 → 左下

に動いており，学生（レジャー）→ 就職（仕事）→ 結婚（子供・家庭）と関心事がうつっていくことを示しています．

女の場合は，

　　　右下 → 左下

という動きになっています．就職せずに，あるいは，就職しても意識の上では仕事人間にならずにうつることに対応しているのでしょう．

図 6.2.6　評価値 (X_1, Y_1)　　　　図 6.2.7　評価値 (X_2, Y_2)

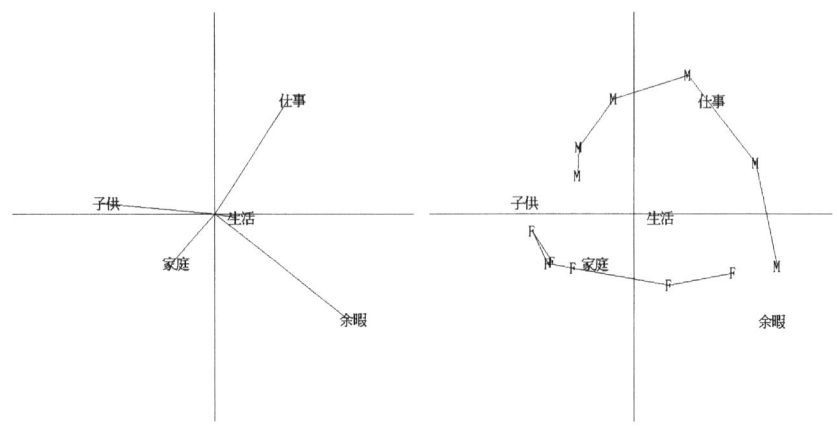

このように，提起した問題に対して客観的な「説明をみせる」ことができるのです．

こういう図を「布置図」とよんでいます．数量化III類の方法が使いやすいのは，こういう図をかけることがひとつの理由です．

⑦　もうひとつ例をあげましょう．

前節で取り上げた「東京 23 区の住民の職種区分」のデータについて，

　　　A＝住民の職種区分，B＝地域
　　　（区）の関係を表わす尺度

を求めてみましょう（例 22）．

図 6.2.8　住民の職種構成のちがいを説明する尺度

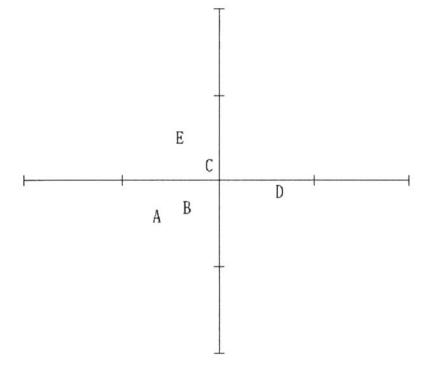

表 5.8.2 に示す「各地域区分における職種別構成」について，職種区分 A と地域区分 B に対する尺度を求めた結果が図 6.2.8 です．

第一の尺度だけで情報の 73% が表現できること，第二の尺度まで含めると 95% が表現できることが計算されますから，2 つの尺度を採用しましょう．

図でみるように，第一の尺度は，

　　　専門管理的職種（A）・事務職（B）対　工場労働者（D）

第二の尺度は，

　　　サービス職（E）対　その他

に対応していることがわかります．

図 6.2.9 はこれらの尺度によって各区の位置を示しています．2 つの尺度ですか

図 6.2.9 住民の職種構成でみた各地域区分の位置

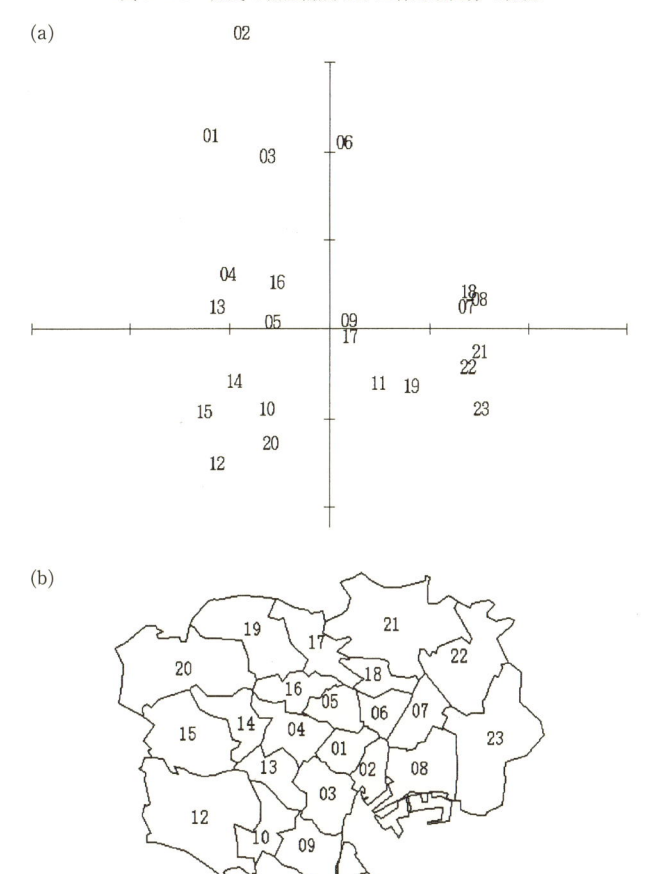

(a)

(b)

座標中の数字は区の番号((b)の図参照). 横軸・縦軸は図 6.2.8 と同じ.

ら，各区が，平面上の点の位置に対応づけられることになります．
したがって，この図で

      右下 … 工場労働者の多い地域
      左下 … 専門管理的職種・事務職の多い地域
      上 … サービス職の多い地域

に対応していますから，たとえば

      $(7, 8, 18)$ と $(21, 22, 23)$ は職種 D が多いこと

(1, 2, 3, 6)は職種Eが多いこと
がよみとれます.

⑧　この問題について，前節では，「タイプわけする」という観点を表面に出して扱いましたが，この節のように位置を表わす数値を導入し，それを参考にしてタイプわけするという扱い方も可能です.

「原データを使ってわける」と，「どういうわけ方になったか」という説明が，わけられた結果をみる段階にもちこされるのに対して，この節の方法では，「わけるために参照する指標をあらかじめ決めておく」ことになります.

◆注　図では見出された2つの尺度をそれぞれ，平均値＝0，標準偏差＝1にそろえています. したがって，平面上の点の位置のちがいをみるとき，

　　　2つの尺度を対等に扱う

ことを想定しています.

このことに対して，各尺度が「基礎データでみられる差」の何％を代表するかを示す ρ_1^2, ρ_2^2 に応じてウエイトをつける（第1軸での差の方を重視する）扱いが考えられます.

前節のクラスター分析では，結果的にこういうウエイトをつけた尺度上での遠近による区分を与えます.

7 観察された差の説明 (2)

この章は第 3 章のつづきですが，基礎データの扱い方に関連した問題を扱います．たとえば変数 X が変数 Y に影響をもたらすことを分析したいのだが，基礎データでは第三の変数 Z が関連しており，そのことを考慮に入れないと，X, Y の関係を適正に説明できない … こういう場合への対処法を説明します．
混同要因，クロス集計，標準化が，主なキイワードです．

▶7.1 混同要因

① 「こうだ」と主張するときに，「こういうデータがある，これからわかるように」と，データを添えると，説得力のある主張だと受けとってもらえるでしょう．
ただし，「これからわかるように」というところをきちんと考えましょう．「これからわかるように」みえても，「これからはわからない」というべき場合があります．
この章の主題は，そういう場合があることを指摘すること，そうして，そういう場合に，「これからわかる」といえるようにするための「データの扱い方」を解説することです．
② 「歩くことは健康によい」というと，異をはさむ人はいないでしょう．
次ページの図 7.1.1 は，ある新聞の切り抜きです．見出しにあるように，「歩くことは健康によいということが，実際のデータで示された」といわれると，？をつけることが必要なのです．
「そういうこともある」というレベルをこえる「一般性のある結論」として受け入れるには … 考えるべき点が含まれているのです．
先入観をぬきにして，「本当にそういえるか」を考えてみましょう．

　　　　　歩く距離が長い　⇒　平均血圧が低い

という関係だけに視点をしぼってみると，見出しのような結論が誘導されそうです

図 7.1.1　歩くことは健康によい——(例 24)

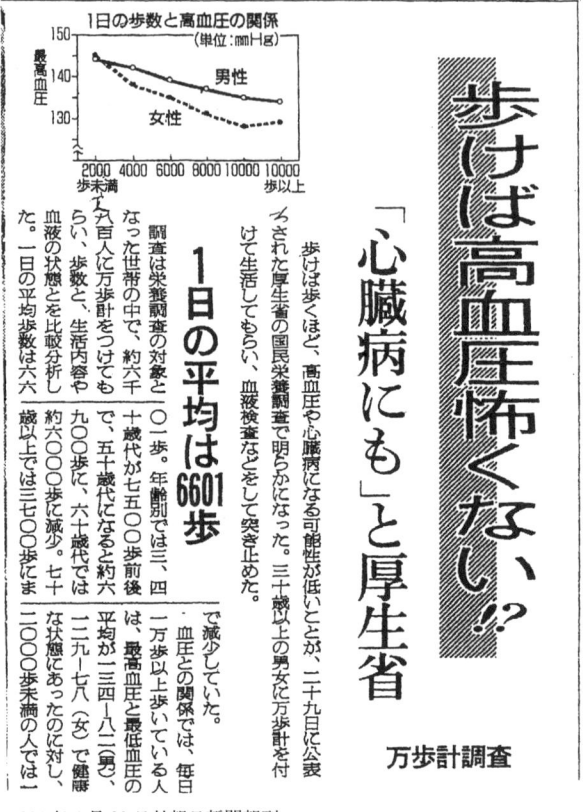

歩けば高血圧怖くない!?
「心臓病にも」と厚生省
万歩計調査

1日の歩数と高血圧の関係
(単位:mmHg)

歩けば歩くほど、高血圧や心臓病になる可能性が低いことが、二十九日に公表された厚生省の国民栄養調査で明らかになった。三十歳以上の男女に万歩計を付けて生活してもらい、血液検査などをして突き止めた。

1日の平均は6601歩

調査は栄養調査の対象となった世帯の中で、約六千人に万歩計をつけてもらい、歩数と、生活内容や血液の状態とを比較分析した。一日の平均歩数は六六〇一歩。年齢別では三、四十歳代が七五〇〇歩前後で、五十歳代になると約六九〇〇歩に、六十歳代では約六〇〇〇歩に減少。七十歳以上では三七〇〇歩にまで減少していた。

血圧との関係では、毎日一万歩以上歩いている人は、最高血圧と最低血圧の平均が一三四-八二(男)、一二一-七六(女)で健康な状態にあったのに対し、二〇〇〇歩未満の人では一

1991年4月30日付朝日新聞朝刊

表 7.1.2　平均値比較の例——(例 24)

歩く距離	～2000	2000～4000	4000～6000	6000～8000	8000～10000	10000～
平均血圧(男)	144.19	142.09	139.03	136.99	135.43	134.35

が，問題は，「この図の基礎データからそういえるか」ということです．

③　記事中のグラフは，記事の中で引用してある「国民栄養調査」の報告書に掲載されている表 7.1.2 の数字をグラフにしたものでしょうが，この表の「歩く距離別の計数」は，

　　　調査対象者を「歩く距離だけに注目して」区分し，

各区分に該当する人々の血圧の平均値を求めたものです。
　ここで特に注意すべき点は，傍点の箇所です．
　この表をみたとき，すぐに「年齢の扱いはどうなっているのかな」と質問が出るはずです．
　歩く距離が血圧にどうひびくかを問題にするのだから，それに注目して区分けするのは当然ですが，それだけに注目し，それ以外の状況を考慮に入れていない場合には，次のようなことを考えねばならないのです．

> もし各区分が対象者の年齢を考慮せずに決めてあるとすれば
> 　　歩く距離の長い区分が　⇒　年齢の低い人の多い区分に
> 　　歩く距離の短い区分が　⇒　年齢の高い人の多い区分に
> なっている可能性がある

したがって

> 平均血圧が高いあるいは低い
> という情報が得られたとき，その要因として
> 　　歩く距離のちがいをあげるべきか
> 　　年齢のちがいをあげるべきか
> を判別できない

ことになります．
　④　このような状況にある場合，
　　　　差を説明するために取り上げる要因
に
　　　　別の要因が混同されている
といいます．また，混同されている要因を混同要因とよびます．
　例示の表については，
　　　　「平均血圧の差」を説明する要因として
　　　　「歩く距離の差」を取り上げようとしているものだが，
　　　　「年齢の差」が混同されている可能性がある
のです．
　その可能性があることは，次の表7.1.3からうかがうことができます．
　◆注　こういう記事を利用するときには，必ず出所があげてあるはずですから，それを参照しましょう．

　表をみて
　　　　「歩く距離が長い」の区分では年齢の低い人が多く
　　　　「歩く距離が短い」の区分では年齢の高い人が多い

表 7.1.3　歩く距離による区分と年齢による区分 ——（例 24）

年齢区分 (男)	歩く距離					
	~2000	2000 ~4000	4000 ~6000	6000 ~8000	8000 ~10000	10000~
20 歳台	47	83	161	176	153	254
30 歳台	68	87	215	242	214	267
40 歳台	67	117	213	210	148	222
50 歳台	74	135	165	153	82	119
60 歳台	137	123	152	66	30	25

表 7.1.4　表 7.1.2 の年齢効果補正値 ——（例 24）

歩く距離	~2000	2000 ~4000	4000 ~6000	6000 ~8000	8000 ~10000	10000~
平均血圧 (男)	136.92	139.44	138.57	137.37	136.66	136.34

ことを確認してください．したがって，前ページの枠囲みの文における「もし」と「可能性がある」の箇所を削除して，「そうなっている」ことを前提として考えなければならないのです．

　いいかえると

　　　　歩く距離が短い ⟷ 歩く距離が長い

　　　　（年齢が高い）　　　　（年齢が低い）

という形で，対象の定義区分の背後に「混同要因」区分がかくれているのです．

　これから，上の指摘どおり，

　　　　混同要因がかくれているがゆえに，

　　　　歩くことと血圧との関係が証明されたとはいえない

ことがわかります．

　⑤　こういう混同効果を補正するための方法は，後の節で説明することとし，ここでは，その結果を先取りして示しておきましょう．

　年齢の影響を補正した数字は，表 7.1.4 のようになります．

　また，図 7.1.5 には，補正前の値（×印）と補正後の値（○印）を比較しています．

　補正後の数字でみると，新聞記事でアピールしたほど明確な結論を出すのはどうかな，という印象ですね．

　⑥　こういう補正を要する場合

　　　　補正前の数字を，粗平均値（あるいは粗比率）

　　　　補正後の数字を，標準化平均値（あるいは標準化比率）

とよびます．

　また，混同効果を見逃したために生じる誤読を「シンプソンのパラドックス」とよ

図 7.1.5 年齢効果の補正 ──(例 24)

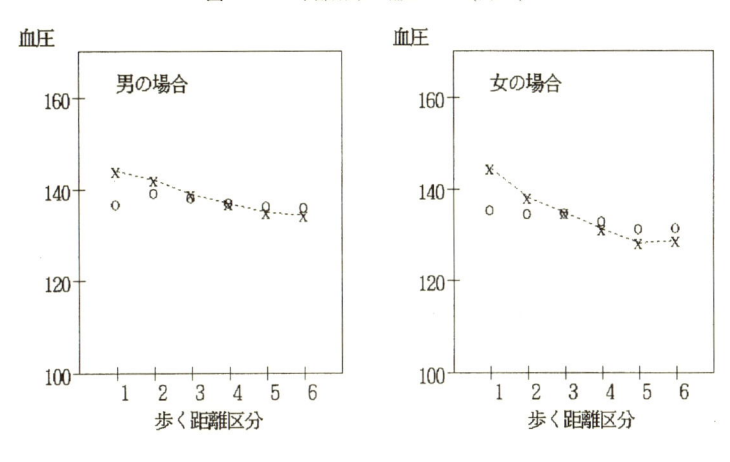

表 7.1.6 各国民の健康意識の比較 ──(例 15)

国別	計	健康意識				
		満足	まあ満足	やや不満	不満	NA
ドイツ	100.0	19.2	61.3	14.2	2.6	2.7
フランス	100.0	22.6	64.4	11.4	1.6	0.1
イギリス	100.0	40.2	47.2	8.4	4.0	0.2
アメリカ	100.0	46.1	41.0	8.4	4.3	0.2
日本	100.0	13.6	57.5	21.1	5.4	2.4

びます．混同効果を補正しない数字を使って誘導した結論と，補正した数字を使って誘導した結論とが矛盾する（一方が正しく他方が正しくないのですから矛盾ではありませんが）ことからこうよぶのです．

⑦ 例示として「平均値を比較する」場合をあげましたが，「構成比を比較する場合」も基本は同じです．

構成比の場合の例をあげましょう．

表 7.1.6 は「同じ年齢の人と比べて，あなたの健康状態はどうですか」という質問に対して，

    1： 非常に満足している
    2： 満足している
    3： あまり満足していない
    4： 満足していない

と区分して答えてもらった結果です．

この表でみると，日本人はきわだって「健康に問題あり」と思っている人が多いよ

うです．実態として不健康な人が多いのではなく，「高齢化社会」をひかえて「健康・不健康の問題に関心が高い」ためだと思われますが，どうでしょうか．

ただし，そう簡単に結論づけることはできません．たとえば，年齢別にわけた数字をみましょう．

ここまでを，この節での結論としておきます．次節で考察をつづけますが，「同じ人と比べて」という条件をつけた質問文になっていることに注意しておきましょう．

⑧　この章では，もうひとつ，別の例をあげます．

日本人の社会意識は戦後大きくかわったといわれていますが，かわった人もあればかわっていない人もあるはずです．そこで，どんな層でかわったかを調べてみましょう．そういう考察の進め方を考えるため表 7.1.7 を取り上げましょう．

「人の暮らし方」に関する回答を「学歴」区分別に比較したものです．

「高学歴の人ほど意識がかわった」という説明は妥当でしょうか．

この例については，7.5 節で考察をつづけます．この節で述べた「混同要因」が，この節の他の例よりもわかりにくい形で関与しているのです．

表 7.1.7　生きがい観の学歴別比較 ——（例 10）

学歴区分	計	生きがい観の区分					
		1	2	3	4	5	6
中学・旧小	100.0	17.7	1.5	33.4	28.6	14.2	4.6
高校・旧中	100.0	13.8	2.5	51.0	23.3	5.7	3.7
大学・高専	100.0	9.8	2.6	56.6	20.5	7.9	2.6

第 8 回国民性調査 (1988 年) による

区分 1：一生懸命働き，金持ちになること．
区分 2：まじめに勉強して，名をあげること．
区分 3：金や名誉を考えず，自分の趣味にあった暮らしをすること．
区分 4：その日その日を，のんきにクヨクヨしないで暮らすこと．
区分 5：世の中の正しくないことを押しのけ清く正しく暮らすこと．
区分 6：自分一身のことを考えず，社会のためにすべてをささげて暮らすこと．

▷ 7.2　クロス集計

①　前節の表 7.1.6 の情報をグラフにしたものが，図 7.2.1 です．

前節で指摘したように，自分の健康状態が悪い，あるいは，やや悪いと意識している人が日本では多いようです．

ドイツ，フランスがそれにつづいており，アメリカ，イギリスは，健康状態がよいという答えが多くなっています．

②　国別比較を問題としているのですから，国別にわけて図示するのは当然です．

しかし，こと健康問題に関しては，年齢を無視しては何も語れません．図 7.2.1 の

図 7.2.1 粗構成比のグラフ ——(例 15)

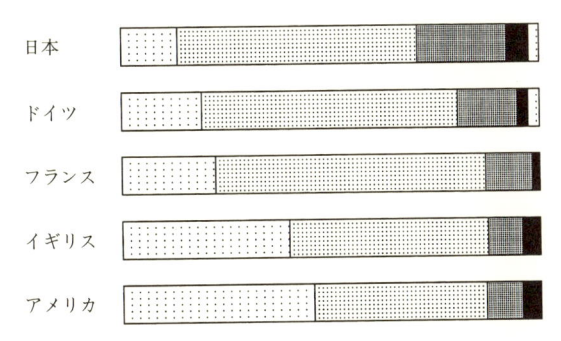

```
日本     [████████████████████████]
ドイツ    [████████████████████████]
フランス  [████████████████████████]
イギリス  [████████████████████████]
アメリカ  [████████████████████████]
```

ように「年齢を取り上げていない表」で結論を出すのは，危険です．
　年齢別にわけた表をつくり，図をかいてみましょう．
　③　一般化した言い方をすると
　　　　A：　分析のために取り上げる被説明変数
　　　　B：　被説明変数にみられる差を説明するために取り上げる説明変数
　　　　C：　A と B との関係に影響をもたらす第三の変数
の 3 つを組み合わせた統計表が必要となるのです．
　④　表 7.1.6 を年齢区分別にわけた表を付録 B に示してあります．付表 B.8 です．これを図示したのが，図 7.2.2 です．
　国間の差をみるという趣旨で，図 7.2.1 と同じ形式，すなわち
　　　　年齢区分ごとに図をわけて，
　　　　各国の情報を列記する形
にして比較すればよいのですが，国間の差をどう解釈するかを考えるために
　　　　国ごとに図をわけて，
　　　　各年齢区分の情報を列記する形
にすることも考えられます．この形式にした図が図 7.2.3 です．
　⑤　まず図 7.2.2 をみましょう．図 7.2.1 では「国の配列順」を構成比の傾向をみやすい順にならべてありました．
　図 7.2.2 でも，日本，ドイツ，フランス，イギリス，アメリカの順に，
　　　　「よいという答えが多くなり
　　　　よくないという答えが少なくなる」
という傾向は，どの年齢層でもほぼ同様です．
年齢区分「～19」におけるドイツの位置がかわっているようですが，その点を別にすれば，
　　　　「国によって差がある，
　　　　その差は，どの年齢層でもほぼ同じ」

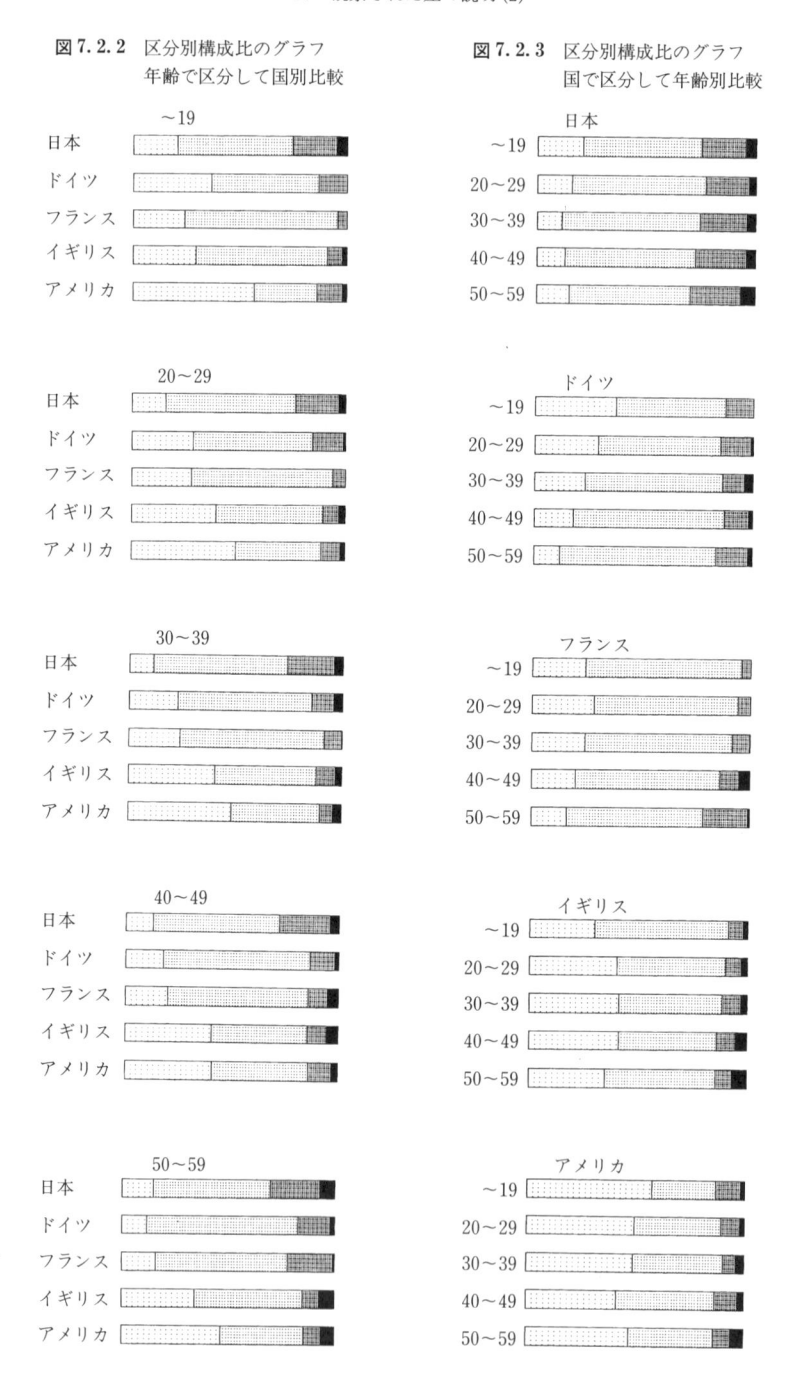

図 7.2.2 区分別構成比のグラフ
年齢で区分して国別比較

~19
日本
ドイツ
フランス
イギリス
アメリカ

20～29
日本
ドイツ
フランス
イギリス
アメリカ

30～39
日本
ドイツ
フランス
イギリス
アメリカ

40～49
日本
ドイツ
フランス
イギリス
アメリカ

50～59
日本
ドイツ
フランス
イギリス
アメリカ

図 7.2.3 区分別構成比のグラフ
国で区分して年齢別比較

日本
~19
20～29
30～39
40～49
50～59

ドイツ
~19
20～29
30～39
40～49
50～59

フランス
~19
20～29
30～39
40～49
50～59

イギリス
~19
20～29
30～39
40～49
50～59

アメリカ
~19
20～29
30～39
40～49
50～59

ということです.

「年齢によって差がある」という予想があったかもしれませんが，その予想はあたっていないという結果です.

これは，質問文に「同じ年齢の人と比べて」という限定をつけていたためでしょう.

このため,「各年齢層での答えを並べた図」(図7.2.3) でみると，年齢が高くなるにつれて，「よいという答えが減り，よくないという答えが増える」となるとは限りません.

ドイツを別にすれば，年齢層による差は少なく,「同じ年齢層と比べてよい，よくない」という答えが,「国によってちがう」という事実の方が大きい傾向として，見出されたのです.

ドイツの場合は,「各年齢区分の順に満足度が動いている」ことが，はっきりしています.

「同じ年齢の人と比べて」という限定によって「年齢差」を完全に消してしまうわけではないのでこうなったのかもしれませんが，質問用語に問題があったことも考えられます.

このようにみていくと，
　　　健康意識について国によるちがいがある
ことがわかります. そうしてそれは，
　　　加齢による変化ではなく，
　　　意識のちがいだ
ということです.
　　　日本人は健康の問題に過敏になっている
といったコメントをしたくなりますが，どうでしょうか.

⑥ 話をもどして，構成比を比較するためのグラフ表現を考えましょう.

図7.2.3は「年齢にともなう変化」をみようとしたものですが，比較しようとする情報が構成比であることから,「棒の内訳区分の変化を比較せよ」ということになるのです. このため,「構成比の比較では，グラフをかいても，傾向がよみにくい」という問題があり，何か工夫が必要です.

区分数が3なら，構成比の情報 (3つの数値からなる情報) を1つの点で表現する三角図表 (1.6節で説明しました) を使うことができます.

A の区分のうち頻度の多い「満足」,「まあ満足」,「やや不満」の3区分に注目してこの形式で図示してみましょう. 図7.2.4です.

年齢による変化を「点の動き」としてよめることから，よみやすくなったことを確認してください.

⑦ この節の例のように，3変数の関係をよみとるには，三重のクロス表が必要です. A, B の関係を見出すのが目的だとしても，多くの問題で第三の要因 C が関係し

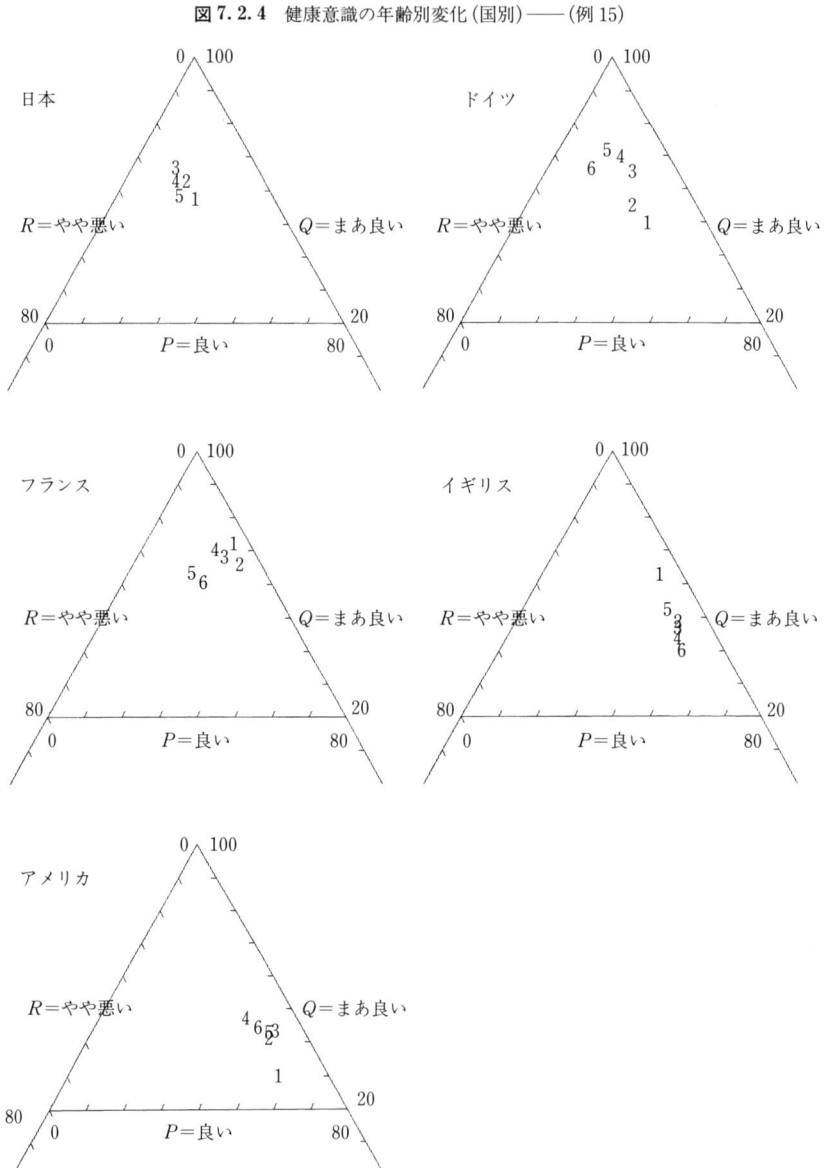

図 7.2.4 健康意識の年齢別変化（国別）——（例15）

1.6節で説明した三角グラフ．国ごとに年齢変化を示す形，すなわち図7.2.3に対応する表示にしてある．

てきますから，三重のクロス表を使うことが必要となるのです．

　アンケート調査や統計調査の報告書の中には，こういう三重クロス表が集計されていないために，情報価値を落としている … そういう例がよく見受けられます．分析になれた人が参加していれば，「もっと，三次元集計表を」と要求するでしょう．

⑧　この説に対して，「調査対象者数が少ない」から三重クロス表はつくれないという場合があるかもしれません．

そういう場合には，
　　　「A, B の二重クロス表に潜在している C の影響を補正する」
という考え方を採用することができます．次の 7.4 節および 7.5 節で説明します．

　その場合にも，少なくとも，各国の調査対象者の年齢構成を把握しておくことは必要です．

　標本調査では，「各国の全国民の年齢構成にあわせた構成になるよう」に調査対象を選ぶのが普通ですが，いつもそうだとは限りません．

⑨　**データの精度**　「調査対象者数が少ないから三重クロス表はつくれない」ことの理由として，「細かく区分すると精度が悪くなる」ことがあげられるかもしれません．

　しかし，集計された表の数字をそのままの形で使うのでなく，いくつかの数字を組み合わせて「ある指標値を誘導して使う場合」があります．そういう使い方が予想される場合には，計算の基礎データひとつひとつの数字の精度ではなく，誘導された指標値の精度が問題なのです．その意味で，細かくても，三重クロス表は用意しておきたい集計表です．

▷7.3　混同効果の補正

①　前節では，表 $A \times BC$ の見方として，まず C を考慮に入れずに表 $A \times B$ をみる場合と，C の影響を制御するために C でわけてみる場合，すなわち，$A \times B | C_K$ をみる場合とをあげました（表 7.3.1, 7.3.2）．

したがって，たとえば A, B の関係の見方について，2 とおりの見方 $A \times B$，$A \times$

表 7.3.1　$A \times B(C)$

	A_1 A_2 …… A_I
B_1 B_2 $\vdots$ B_J	C は無視

表 7.3.2　$A \times B | C_K$

	A_1 A_2 …… A_I
B_1 B_2 $\vdots$ B_J	For $C = C_K$

これが C の区分ごとに求められている．

$B|C_K$ がありうることを示しています.

これらは, $B \Rightarrow A$ の関係をみるという点は共通ですが, C の扱いがちがっています. $A \times B|C_K$ すなわち表7.3.2では, C を特定してみています.

それに対し, $A \times B$ すなわち表7.3.1では, C を無視しています.

$B \Rightarrow A$ の関係と $C \Rightarrow A$ の関係が独立だとみられる場合は, 問題ない (どちらの見方でもよい) のですが, そうでない場合は, どちらが $B \Rightarrow A$ の関係をみるのによいかが問題となります.

② **粗比率**　表7.3.1の見方では, $B \Rightarrow A$ の関係が観察された (かのごとくみえる) 形になっていますが, $C \Rightarrow A$ の関係が分離されておらず,

　　両方の効果が混同された形の粗い結果

が観察されているのです.

したがって, 表7.3.1にもとづく構成比 $PA|B$ は, 粗比率とよばれています.

$B \Rightarrow A$ の関係をみるという問題意識からいうと, 分離されていない $C \Rightarrow A$ の関係を混同効果とよびます.

③ **特定化比率**　これに対し, 表7.3.2では, C の区分ごとにわけてみていますから, C の影響は分離され, $B \Rightarrow A$ の関係が, 純粋な形で, 観察されています. この表にもとづいてつくった構成比 $PA|BC$ は, C を特定化した構成比とよばれます.

これによって, $B \Rightarrow A$ の関係に影響をもたらしているとき, $C \Rightarrow A$ の関係すなわち混同効果を補正 (制御) した見方ができることになります.

混同効果を補正 (制御) する方法は他にもありますが, このように,

　　混同要因 C のレベルによって区分けしてみるのが

　　　混同効果を補正するための基本手段

です.

しかし, 唯一の手段ではありません.

④ **標準化比率を誘導する**　データ数が少ないとき, A, B, C の3つの要因で区分した3次元の表をつくることは, 精度の点で無理な場合があります. そのような場合には, C で区分するかわりに,

　　C の効果を補正した"標準化比率"を誘導し,

　　　それで対比する

という代案が使われます.

この方法は, また, A, B の関係を数組の表によってみるかわりに, 1つの表でみることになるので,

　　「見方を簡単化する」

という効果もあります.

ただし,

　　C の区分ごとに $B \Rightarrow A$ の関係が異なる事実があった場合

そのことが検知されない

ので，
$B \Rightarrow A$ の平均的な関係をみる

ことになります．

したがって，三重クロス表が集計されていれば（そうするのに十分なサンプルサイズであれば），③ の見方を採用しましょう．ただし，サンプル数が少なくて，④ によらざるをえない場合もよくありますから，7.4 節および 7.5 節で，標準化比率の 2 とおりの計算方法を説明します．

▷ 7.4 標準化の方法 ── 直接法

① この節では，構成比における混同効果を補正する方法のうち「直接法」とよばれるものを説明しましょう．

この方法は，表 $A \times BC$ の情報を使える場合に適用できる方法です．
　　　　C による細区分別にみた構成比 $P_{A|BC}$ を求め，
　　　　それらの加重平均として構成比を再構成する

手順をとります．記号でいうと，表 $A \times B$ を表 $A \times BC$ に細分した後，また $A \times B$ を求めることになりますが，もとの表と細分した表との関係が

$$P_{I|J} = \sum W_{JK} P_{I|JK}, \quad W_{JK} = N_{JK}/N_{J0}$$

となっているのに対して，補正した表と細分した表との関係が

$$P_{I|J}^* = \sum W_{0K} P_{I|JK}, \quad W_{0K} = N_{0K}/N_{00}$$

となるようにする … すなわち

　　　　どの区分 B_J についても同じウエイト W_{0K} を用いて計算しなおす

のだと解釈すればよいのです．

さらにくわしくいうと，

　　　　"ウエイト W_{JK} が対比しようとする区分 B_J ごとにちがう"ことが混同効果
　　　　をもたらすのだ，したがって，ウエイトをどの区分 B_J でも共通な W_{0K} とお
　　　　きかえて計算しなおす，

そうすれば，

　　　　C の影響があってもその影響は，B のどの区分でも一様に効くことになる
　　　　から，区分 B_J の対比に C は悪影響をもたらすことはない．

こういう論理です．

原理としては W_{0K} でなくても，J に関係しないウエイトなら何でもよいのですが，共通のウエイトとして受け入れやすいものを使いましょう．

この形で "標準化比率" を求める方法を "直接法" とよびます．

② 直接法では，$A \times BC$，すなわち，A, B, C の三重組み合わせ表の情報を使います．

したがって，一連の表 $A\times B|C_K$ を使って「よりていねいに」，$A\times B$ の関係をみることができます．できればそうすべきです．そうすることをまず考え，「データ数が少ない場合」あるいは「$A\times B$ の関係がどの区分でみてもほぼ同じとみなせるような場合」に，この標準化法を適用する … これが，データのもつ情報を活用する方策です．

◆ **注** 第5章で，3つの要因の組み合わせ表について，次の分解が成り立つことを示してあります．
$$A\times BC = A\times C + A\times B|C$$
$$= A\times B + A\times C|B$$

したがって，$I_{A\times B}$ と $I_{A\times B|C}$ がともに 0 であるか，0 でなくても等しいときに，$A\times B$ でみても $A\times B|C$ でみても同じだということになります．すなわち，補正は不要ということです．

それ以外のときは，$A\times B$ でみた結果と $A\times B|C$ でみた結果は異なります．

したがって，C の影響を補正した「解釈のしやすい」標準化比率を使うのです．

③ 図7.4.1 は，この節の説明を要約した図です．また，表7.4.3 に計算例を示します．

④ この手順にしたがった計算を例示しておきましょう．

例 15 の場合は $A=$ 健康意識区分，$B=$ 国別，$C=$ 年齢区分，ですが，A, B の関係をみたいので C の影響を補正したいのです．

各国の C の構成は次の表7.4.2 のようになっています．

C の構成比が国によってかなりちがっていますから，それを，5 か国全体でみた C におきかえることとして標準化しましょう．

次が標準化の計算です．

図 7.4.1 直接法による標準化の論理

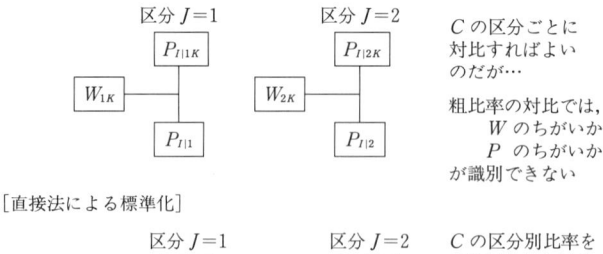

［粗比率］

区分 $J=1$: W_{1K} — $P_{I|1K}$, $P_{I|1}$

区分 $J=2$: W_{2K} — $P_{I|2K}$, $P_{I|2}$

C の区分ごとに対比すればよいのだが…

粗比率の対比では，W のちがいか P のちがいかが識別できない

［直接法による標準化］

区分 $J=0$: W_{0K}

区分 $J=1$: $P_{I|1K}$, $P_{I|1*}$

区分 $J=2$: $P_{I|2K}$, $P_{I|2*}$

C の区分別比率を標準区分におけるウエイトを使って計算しなおすと…

P のちがいを評価する指標になる．

7.4 標準化の方法 —— 直接法

表 7.4.2 各国の調査対象の年齢構成 ——(例 15)

年齢構成	ドイツ	フランス	イギリス	アメリカ	日本	5か国計
～19	39	45	44	51	63	242
20～29	223	227	200	263	297	1210
30～39	211	236	197	316	438	1398
40～49	183	144	183	258	492	1260
50～59	156	144	144	206	453	1103
60～	188	217	275	469	522	1671
計	1000	1014	1043	1563	2265	8884

表 7.4.3 直接法による標準化比率の計算例 ——(例 15)

	健康意識の区分					ウエイト(千分比)	
	満足	まあ満足	やや不満	不満	NA	1	2
ドイツ							
～19	35.9	48.7	12.8	0.0	2.6	39	35
20～	27.8	53.8	13.9	0.9	3.6	223	176
30～	22.3	60.2	10.0	3.8	3.8	211	203
40～	17.5	68.3	11.5	1.6	1.1	183	183
50～	11.5	69.2	14.7	1.9	2.6	156	160
60～	10.1	60.6	21.8	5.3	2.1	188	243
平均 1	19.2	61.3	14.2	2.6	2.7		
平均 2	18.2	61.7	14.7	2.8	2.6		
フランス							
～19	24.4	71.1	4.4	0.0	0.0	44	35
20～	28.2	66.1	5.7	0.0	0.0	224	176
30～	24.2	67.4	8.1	0.4	0.0	233	203
40～	20.1	66.0	9.0	4.9	0.0	142	183
50～	16.0	61.8	20.8	0.7	0.7	142	160
60～	20.7	58.5	17.5	3.2	0.0	124	243
平均 1	22.6	64.4	11.4	1.6	0.1		
平均 2	22.0	64.0	11.9	1.9	0.0		
⋮							

ウエイト 1 は，各国の調査対象者でみた年齢構成(千分比)．
ウエイト 2 は，5 か国の調査対象者でみた年齢構成(千分比)．
平均 1 はウエイト 1 を使った加重平均すなわち，粗比率．
平均 2 はウエイト 2 を使った加重平均すなわち，標準化比率．
平均 1 は表 7.1.6 と一致．ここで計算する必要はないが説明のために示した．

⑤ 表 7.4.4 が計算結果すなわち年齢の効果を補正した構成比です．
　この例では，補正前の表 7.1.6 と比べて，補正後の数字はあまりかわっていません．年齢構成のちがいが表 7.4.2 程度なら，補正してもあまりかわらないということです．

表 7.4.4 各国民の健康意識の比較（年齢構成標準化）

国別	健康意識					
	満足	まあ満足	やや不満	不満	NA	計
日本	13.7	57.8	20.9	5.3	2.3	100.0
ドイツ	18.2	61.7	14.7	2.8	2.6	100.0
フランス	22.0	64.0	11.9	1.9	0.0	100.0
イギリス	40.1	47.2	8.4	4.1	0.2	100.0
アメリカ	46.2	40.5	8.4	4.2	0.2	100.0

表 7.4.5 国民意識の変化(%)——(例13)

		1976年	1996年	1996年の補正値
Q7C	昔からのしきたり尊重	62.4	57.2	51.9
Q7F	年長者のいうことには従う	41.6	36.7	32.7
Q9	お互いのことに深入りしない	24.1	31.0	28.6
Q3(2)	肉魚野菜のうち魚が好き	25.5	35.6	30.9
Q3(1)	肉魚野菜のうち肉が好き	35.0	26.3	32.8

Q7C：昔からあるしきたりは尊重すべきだと思いますか……はい
Q7F：年上の人のいうことには，自分をおさえても従う方がよいと思いますか……はい
Q9　：人とのつきあいについて，次のうちどちらが望ましいと思いますか……
　　　(1) 何でも相談したり助けあえるつきあい
　　　(2) お互いのことに深入りしないつきあい
Q3　：肉・魚・野菜のうちどれが一番好きですか……(1) 肉，(2) 魚，(3) 野菜

　これは，
　　　「補正計算をする必要はなかった」ということですが，
　　　「年齢区分別にわけてみる必要はなかった」ということではない
のです．
　年齢区分別にわけることによって，7.2節の④（143ページ）で説明した「年齢による差」についての情報が得られているのです．
　⑥　結果いかんにかかわらず，「年齢構成の変化の影響」をみるべき場面は多いはずです．たとえば日本人の意識の変化をみようとするとき，人口全体としての高齢化を考慮に入れることが必要です．表 7.4.5 は，1976年と1996年に実施されたNHKの「全国県民意識調査」の結果のうち，両年次の間で大きく変化した項目です．
　「時代のかわり」をうかがわせる変化ですが，その変化が一般的にみられることだというには，「年齢による差」の影響を補正した数字を参照するとよいでしょう．
　補正値は，この節で説明した方法によって，「年齢構成が1976年と同じだ」と仮定した場合の数字に換算したものです．
　補正値でみると，非補正値でみた変化以上に大きく変化していることがわかりま

す．高齢者比率が大きくなったがゆえに「昔ながらの意識」の数字が大きく（変化が小さく）出ていることがよみとれます．

▶7.5 標準化の方法 —— 間接法

① A と B の関係に第三の要因 C が影響していることが予想されている．しかし，その効果の存在を確認するために，あるいは，その効果を補正するために，A, B, C の三重組み合わせ表 $A \times BC$ の情報を使えない場合にどうするか…．
こういう場合には，以下に説明する「間接法」とよばれる別法を適用できます．
② この方法では，$A \times B$ の組み合わせ表に対する補正率を求めるために，
　　三重組み合わせ表はなくても，
　　その一部である $B \times C, C \times A$ の二重組み合わせ表が使える
場合に適用できるように組み立てられています．次の枠囲みが，その説明です．直接法の場合も，あわせて示してあります．

$A \times B$ 表でみると，
　$P_{I|J}$ を計算し，比較することができるが
　要因 C の影響が混同されていることが問題となる
　それを補正したいが，$A \times B \times C$ 表は使えない　⇒ 間接法
　　　　　　　　　　　$A \times B \times C$ 表が使える場合 ⇒ 直接法

間接法
$A \times C$ 表でみると
　$P_{I|(0)} = \sum W_{0K} P_{I|0K}$ の形の加重平均となっている． 　#1
　ここでウエイト W_{0K} をウエイト W_{JK} とおきかえた
　$P_{I|0(J)} = \sum W_{JK} P_{I|0K}$ を計算し， 　〔ウエイト変更〕#2
　$P_{I|0(0)}$ と比較すると，ウエイト変更の影響度が評価できる．
　よって，
　　$C_{IJ} = P_{I|0(0)} / P_{I|0(J)}$ 　〔補正率〕#3
　を補正率として使うことにする．

$A \times B$ 表にもどって
　粗比率 $P_{I|J}$ に補正率 C_{IJ} を乗ずれば
　W_{JK} を W_{0K} におきかえたことと同様な補正がなされたことになる．
　すなわち
　　$P_{I|J*} = P_{I|J} \times C_{IJ}$ 　〔$P_{I|J}$ の補正値〕#4

直接法
$A \times B \times C$ 表でみると

$P_{I|J(0)} = \sum W_{JK} P_{I|JK}$ の形の加重平均となっている.　　　　　#1
ここでウエイト W_{JK} をウエイト W_{0K} とおきかえた
$P_{I|J*} = \sum W_{0K} P_{I|JK}$ を計算する.　　　　〔ウエイト変更〕#2
これが，直接法による補正値

③ 図7.5.1は，前ページの枠内に示した#2, #3, #4による標準化比率の計算手順をチャート化したものです.

#2の計算(図7.5.1の上半分)を直接法の場合と比べてください．どちらも加重平均の計算ですが，

　　P と W の取り上げ方がちがっていること，
　　間接法では，同じ P に対して異なるウエイトを適用していること，
　　よって，その結果によって，ウエイトのちがいがもたらす効果を計測できること

が，要注目点です．

図7.5.1には，その後に，補正係数の計算#3と，粗比率に補正率を乗じる計算#4がつづいています.

図7.5.1の計算が，標準区分 $J=0$ における P を標準化する形であること，比較区分 $J=1, 2$ における P の標準化は，これを使った間接的な手順になっており，標準のウエイトを使った直接的な計算ではないこと … これが，間接法とよばれる理由です．

種々の場面に対応するには，このチャートを理解しておくとよいでしょう.

④ 次の表7.5.2(表7.1.7の再掲)は，「生きがい観」を学歴区分別に比較しようとするものですが，年齢の効果を補正することが必要です．

図7.5.1　間接法による標準化

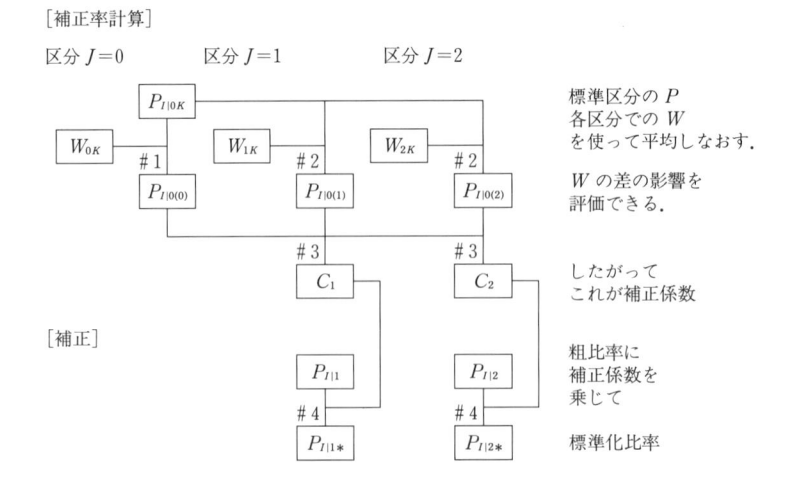

［補正率計算］

区分 $J=0$　　区分 $J=1$　　区分 $J=2$

$P_{I|0K}$　　W_{1K}　　W_{2K}

W_{0K}　#1　　　#2　　　#2

$P_{I|0(0)}$　$P_{I|0(1)}$　$P_{I|0(2)}$

標準区分の P
各区分での W を使って平均しなおす．

W の差の影響を評価できる．

　　　　#3　　　#3
　　　　C_1　　C_2

したがって
これが補正係数

［補正］

$P_{I|1}$　　$P_{I|2}$

#4　　　#4

$P_{I|1*}$　　$P_{I|2*}$

粗比率に
補正係数を
乗じて

標準化比率

7.5 標準化の方法 —— 間接法

ところが
　$A=$生きがい観の6区分別構成比を，
　$B=$学歴3区分について比較したい．
　$C=$年齢の影響を補正したいのだが，
　A, B, C の組み合わせ集計がなされていないので，直接法で補正できない．
よって，
　A, C の組み合わせ表(表7.5.3)と
　B, C の組み合わせ表(表7.5.4)を使って
間接法によって補正する … こういう問題です(例9, 10)．

⑤ 以下が計算例です．

表7.5.2 粗比率：$P_{A|B}$……補正計算の対象

学歴区分	生きがい観の区分						計
	1	2	3	4	5	6	
中学・旧小	17.7	1.5	33.4	28.6	14.2	4.6	100.0
高校・旧中	13.8	2.5	51.0	23.3	5.7	3.7	100.0
大学・高専	9.8	2.6	56.6	20.5	7.9	2.6	100.0

表7.5.3 年齢区分別比率：$P_{A|C}$……補正計算に使う

年齢区分	生きがい観の区分						計
	1	2	3	4	5	6	
年齢　20〜	13.0	1.8	58.9	22.4	1.8	2.1	100.0
30〜	14.8	1.1	52.4	22.3	7.2	2.2	100.0
40〜	15.8	3.7	49.0	22.1	5.7	3.7	100.0
50〜	16.7	3.5	40.4	23.0	11.7	4.7	100.0
60〜	11.7	1.2	34.4	30.0	17.8	4.9	100.0
70〜	9.1	0.7	30.3	34.1	18.2	7.6	100.0
平均	14.12	2.18	46.56	24.24	9.01	3.89	100.0

表7.5.4 調査対象者の年齢構成：$P_{C|B}$……補正計算に使う

年齢区分	学歴区分			
	中学・旧小	高校・旧中	大学・高専	全体
年齢　20〜	12 (2)	192 (23)	137 (35)	341 (19)
30〜	49 (8)	217 (28)	101 (26)	367 (20)
40〜	101 (17)	195 (23)	70 (18)	366 (20)
50〜	155 (27)	133 (16)	46 (12)	334 (18)
60〜	164 (28)	63 (8)	28 (7)	255 (14)
70〜	103 (18)	31 (4)	10 (2)	144 (8)
計	584 (100)	831 (100)	392 (100)	1807 (100)

表 7.5.5 (a)：学歴区分全体でみた比率について，各学歴区分での年齢構成を使った加重平均の計算 (#2 の計算)
表 7.5.5 (b)：補正率の計算
表 7.5.5 (c)：粗比率 (表 7.5.2) に補正率を乗じる計算
表 7.5.5 (d)：次の ⑥ に述べる補正

⑥ 表 7.5.5 のうち (d) の部分に関する注意点をつけ加えておきましょう．

粗比率については定義上 $\sum P_{IJ}=1$ が成り立っています．したがって，補正値についても $\sum P_{IJ*}=1$ が成り立つべきです．間接法による補正結果では，算式が非線形であるため，そうなりません．したがって，計が 1 になるよう調整しておきます．1

表 7.5.5 (a) 間接法による標準化比率の計算 (#2 の計算)

年齢区分	生きがい観の区分						ウエイト		
	1	2	3	4	5	6	1	2	3
年齢 20〜	13.0	1.8	58.9	22.4	1.8	2.1	2	23	35
30〜	14.8	1.1	52.4	22.3	7.2	2.2	8	26	26
40〜	15.8	3.7	49.0	22.1	5.7	3.7	17	23	18
50〜	16.7	3.5	40.4	23.0	11.7	4.7	27	16	12
60〜	11.7	1.2	34.4	30.0	17.8	4.9	28	8	7
70〜	9.1	0.7	30.3	34.1	18.2	7.6	18	4	4
							100	100	100
平均 1	13.55	2.16	39.69	26.74	13.00	4.86			
平均 2	14.44	2.24	48.87	23.45	7.62	3.35			
平均 3	14.25	2.10	50.92	23.16	6.54	3.03			

表 7.5.5 (b) 間接法による標準化比率の計算 (#3 の計算)

学歴区分	生きがい観の区分					
	1	2	3	4	5	6
中学・旧小	1.042	1.009	1.173	0.913	0.693	0.768
高校・旧中	0.978	0.975	0.953	1.039	1.182	1.112
大学・高専	0.991	1.038	0.913	1.054	1.377	1.230

たとえば 14.12 (表 7.5.3)／13.55 (表 7.5.5 (a))＝1.042

表 7.5.5 (c) 間接法による標準化比率の計算 (#4 の計算)

学歴区分	生きがい観の区分						左の計
	1	2	3	4	5	6	
中学・旧小	18.44	1.51	39.18	26.11	9.84	3.53	98.61
高校・旧中	13.50	2.44	48.60	24.21	6.74	4.37	99.86
大学・高専	9.71	2.70	51.73	21.61	10.88	3.20	99.83

たとえば 17.7 (表 7.5.2)×1.042 (表 7.5.5 (b))＝18.44

7.5 標準化の方法 —— 間接法

表 7.5.5 (d) 間接法による標準化比率の計算 (#5 の計算)

学歴区分	生きがい観の区分						左の計
	1	2	3	4	5	6	
中学・旧小	18.7	1.5	39.7	26.5	10.0	3.6	100.0
高校・旧中	13.4	2.4	48.2	24.0	6.7	4.3	100.0
大学・高専	9.6	2.7	51.3	21.4	10.8	3.2	100.0

横計が 100 になるように調整, ⑥ 参照.

との差はわずかですから,どんな方法で調整しても大差ありません.たとえば,$1/\sum P_{IJ*}$ を乗じておけばよいでしょう.

⑦ **標準化の方法と指数算式との関係** 2とおりの補正法はどんな分野の問題にも適用できます.また,実際適用されていますが,呼称が分野によって異なっています.たとえば経済統計の分野では,指数の算式として,ラスパイレス方式とパーシェ方式の2方式があることを教えていますが,これらは,ここで説明した直接法,間接法と同じ考え方にたっていることが,次のように比較してみるとわかります.

ウエイト W を使った P の加重平均を (W, P) と表わすことにしましょう.

この記法を使うと,間接法の算式は

$$間接法 = (各区分の W, 各区分の P) \times \frac{(基準区分の W, 基準区分の P)}{(各区分の W, 基準区分の P)}$$

です.直接法の算式をこれと対比できる形,すなわち

$$直接法 = (各区分の W, 各区分の P) \times \frac{(基準区分の W, 各区分の P)}{(各区分の W, 各区分の P)}$$

とかいた上,それぞれ,分子,分母に共通する項を形式的に約分すると,いずれも

$$(基準区分の W, 各区分の P)$$

となり,結果はいずれも同じ意味をもつ量であることがわかります.

この表現を書き換え,

$$直接法 = (標準区分の W, 標準区分の P) \times \frac{(標準区分の W, 各区分の P)}{(標準区分の W, 標準区分の P)}$$

$$間接法 = (標準区分の W, 標準区分の P) \times \frac{(各区分の W, 各区分の P)}{(各区分の W, 標準区分の P)}$$

とします.

ここで,区分を時点とおきかえ,P を指数とおきかえると,各式の第二項がそれぞれ,ラスパイレス方式,パーシェ方式の物価指数であることがわかります.

したがって,

> 直接法はラスパイレス指数,間接法はパーシェ指数を使って,
> ウエイトのちがいの影響を補正するもの

だと解釈できます.すなわち

> 直接法 = 標準区分での粗比率 × ラスパイレス指数

間接法＝標準区分での粗比率×パーシェ指数

です．

● 問題 7 ●

問1 本文の7.1節に対応する問題(例24)である.問題文中の計算を実行しながら進めること.
  a. 表7.A.1は,歩く距離区分(B_3=よく歩く人,B_2=平均的な人,B_1=あまり歩かない人)別にわけて,それぞれの区分に属する人の人数と平均血圧を調べた結果である.

表7.A.1 歩く距離区分別血圧の平均値

区分 B_1	区分 B_2	区分 B_3	3区分の計
145 (100)	135 (100)	128 (100)	136 (300)

歩く距離の長いグループほど血圧が低くなっているが,この結果によって,「歩くことは血圧を下げる効果がある」と解釈できるか.
  b. 血圧に影響する年齢が「この情報でどう扱われているか」が問題である.
  よって,表7.A.1を年齢区分(C_1=30歳台,C_2=40歳台,C_3=50歳台)にわけてみると,次のようになっていることがわかった.

表7.A.2 歩く距離区分および年齢区分別平均値

	区分 B_1	区分 B_2	区分 B_3	3区分の計
区分 C_1	130 (10)	130 (30)	125 (60)	127 (100)
区分 C_2	140 (30)	135 (40)	130 (30)	135 (100)
区分 C_3	150 (60)	140 (30)	140 (10)	146 (100)

  c. この表から,B_1, B_2, B_3 の間にみられる差は,各区分に属する人の年齢分布のちがいが影響していることが考えられるので,その影響の補正が必要である.
  d. たとえば区分 B_1 の平均値145が,
    それを C で区分した3つの細区分での値130, 140, 150の加重平均,
    なわち,$(130×10+140×30+150×60)/100$ として計算されること
  を確認せよ.

e. 年齢区分別人数のちがいの影響を補正するためには，この加重計算のウエイトをそろえて（たとえば区分 B_1, B_2, B_3 をあわせた人数 100, 100, 100 だとして），再計算すればよい．この計算を行なうと，区分 B_1 の平均値 145 が 140 とおきかえられることになる．

他の区分についても同様に計算すると，B_1, B_2, B_3 に対応する数字は 140, 135, 133 になることを確認せよ．

f. この補正によって，歩く距離区分による差は，最初の表でみられたように大きくはないことがわかる．

問 2 本文の 7.3 節に対応する問題である．問題文中の計算を実行しながら進めること．

a. 表 7.A.1 でみたとおり，歩く距離区分別にわけて，それぞれの区分に属する人の平均血圧を比べると，歩く距離の長いグループほど血圧が低くなっているが，この結果によって，「歩くことは血圧を下げる効果がある」とは解釈できない．

b. 血圧に影響する年齢が「この情報でどう扱われているか」が問題だから，表 7.A.1 を年齢区分（C_1=30 歳台，C_2=40 歳台，C_3=50 歳台）にわけてみると，次の表 7.A.3 のようになっていることがわかった．

表 7.A.3　歩く距離区分および年齢区分別人数

	区分 B_1	区分 B_2	区分 B_3
区分 C_1	10	30	60
区分 C_2	30	40	30
区分 C_3	60	30	10

表 7.A.4　年齢区分別平均血圧

	B_1, B_2, B_3 の計
区分 C_1	127 (100)
区分 C_2	135 (100)
区分 C_3	146 (100)

c. 各年齢区分での平均血圧が集計されていない（この点が問 1 とちがう）が，人数の分布について「区分 B_1 では高齢者が多く，B_3 では高齢者が少ないこと」がわかり，この年齢分布のちがいが表 7.A.1 での差に影響していることが考えられる．

よって，その影響の補正が必要である．

d. この補正のためには，年齢分布のちがいが平均血圧にもたらす程度を計測することを考えればよい．

たとえば表 7.A.4 のように，年齢区分 C_1, C_2, C_3 での平均値が 127, 135, 146 となっており，それらの平均が $(127 \times 100 + 135 \times 100 + 146 \times 100)/300 = 136$ となっているが，ウエイトを表 7.A.3 の区分 B_1 の 10, 30, 60 のようにおきかえて計算すると，$(127 \times 10 + 135 \times 30 + 146 \times 60)/100 = 140.8$ となることがわかる．

よって，ウエイトを (100, 100, 100) から (10, 30, 60) とおきかえることによる

影響度は 140.8/136＝1.03 だと評価される

e. 歩行距離区分 B_1 での平均値 145 は，ウエイト $(10, 30, 60)$ に対応する数字だから，これをウエイト $(100, 100, 100)$ に対応する数字におきかえるには，d で求めた補正係数を使って 145/1.03 とすればよい．すなわち 140 となる．

他の区分についても同様に計算すると，B_1, B_2, B_3 に対応する数字は 140, 135, 133 になることを確認せよ．

f. この補正によって，歩く距離区分による差は，最初の表でみられたように大きくはないことがわかる．

注：問1で採用した補正法は，「直接法」であり，問2で採用した補正法は「間接法」である．

問3 問1あるいは問2における平均血圧のかわりに，「健康状態がどうかわりましたか」という問に対する答えが「A_1：よくなった，A_2：かわらない」の数として求められているものとする．これについては，歩く距離による差を計測せよ．

基礎データは仮想例である．

a. 表 7.A.5 は，歩く距離 B の区分別に質問 A の答えを集計したものである．

これによると，よくなったという答えが，区分 B_1, B_2, B_3 の順に多くなっていることから，歩くことの効果が確認できたようであるが，年齢の効果が考慮されていない．

b. 次ページの表 7.A.6 の情報が使えるものとして，年齢の効果を補正せよ．

表 7.A.5 質問 A に対する答え

	計	A_1	A_2
計	300	130	170
区分 B_1	100	30	70
区分 B_2	100	40	60
区分 B_3	100	60	40

そのための計算は，問1における「血圧の平均値」のかわりに「A の区分別構成比」を使って同じように進めることができる．

c. 使える情報が表 7.A.7 であるとすればどうか．

この場合も，計算は，問2における「血圧の平均値」のかわりに「A の区分別構成比」を使って同じように進めることができるが，補正結果でみると「A_1, A_2 の構成比を加えると 1 にならない」可能性がある．1 になるよう調整すること．

問4 プログラム XACOMP は，この章の主題である混同要因と，その影響を補正する標準化法に関する説明を与えるプログラムである．構成比でなく，平均値を比較する場合を例にして説明しているが，考え方は同じだから，これをよんで，この章の説明を復習すること．

問5 添付した UEDA のプログラムを使うと，問3の計算は自動的に実行される．

データ入力プログラム CTAIPT を使って，基礎データを入力し，問3の b の場合は CTA04，問3の c の場合は CTA05 を指定すればよい．

基礎データは，CTA04 を使う場合は，表 7.A.6 を

表 7.A.6 質問 A に対する答え C による区分別の情報

	計	A_1	A_2
計	300	130	170
C_1	100	30	70
C_2	100	60	40
C_3	100	40	60
区分 B_1 計	100	30	70
B_1C_1	10	0	10
B_1C_2	30	10	20
B_1C_3	60	20	40
区分 B_2 計	100	40	60
B_2C_1	30	10	20
B_2C_2	40	20	20
B_2C_3	30	10	20
区分 B_3 計	100	60	40
B_3C_1	60	20	40
B_3C_2	30	30	0
B_3C_3	10	10	0

表 7.A.7 質問 A に対する答え C による区分別の情報

	計	A_1	A_2
計	300	130	170
C_1	100	30	70
C_2	100	60	40
C_3	100	40	60
区分 B_1 計	100	30	70
B_1C_1	10	...	...
B_1C_2	30	...	...
B_1C_3	60	...	...
区分 B_2 計	100	40	60
B_2C_1	30	...	...
B_2C_2	40	...	...
B_2C_3	30	...	...
区分 B_3 計	100	60	40
B_3C_1	60	...	...
B_3C_2	30	...	...
B_3C_3	10	...	...

データは，仮想例である．

　　区分 B の計の部分，区分 B_1 の部分，区分 B_2 の部分，区分 B_3 の部分の順に入力していく．
　　CTA05 を使う場合は，表 7.4.7 を
　　区分 B の計の部分，区分 B_1, B_2, B_3 の部分のうち A の計に対応する列を入力することになる．

問6 本文の表 7.4.2 に例示した補正計算をプログラム CTA04 を使って実行し，結果を確認せよ．また，補正結果について，特化係数，情報量を使って，国間差異を分析せよ．CTA04 は，補正計算につづいて，こういう分析を行なうようになっている．

問7 7.1 節に例示したような，混同効果を補正する必要があるのにかかわらず，補正されていないとみられる事例をあげよ．

8 精度と偏り

調査対象と想定した範囲の一部を選んで調査を実施する「標本調査」について，その結果によって全体を推計できること，また，そうした場合にどの程度の精度が期待されるかを見積もる方法などについて説明します．

大規模な標本調査では，サンプリング方式を工夫して精度を向上させる工夫がなされますが，ここでは，基本的な場合に限ります．

▶ 8.1 全数調査と標本調査

① たとえば，学校の教員が自分のクラス全員について〇〇に関する考え方を知りたい(例41)，市の行政担当者が市民の暮らしやすさに関する意識を知りたい(例42)，市に最近1年間に転入してきた人の意識を知りたい(例43)，デパート経営者が来店した顧客の店に対する評価を調べたい(例44) … こういう問題意識をもって調査をしようとしたとき，考察対象とする範囲が(範囲の規定の精粗はともかく，「こんな対象について情報を得たい」という意識で)想定されています．

そうして，

その範囲全体に属する全メンバーについて調査することができれば
そうする

ことにします．これを，「全数調査」とよびます．

例41のように，対象が少数のときは，当然，全数調査を実施します．そうしないと，「先生，私の意見を聞いてくれなかった」とクレームがつくでしょう．

② しかし，一般には，調査に要するコストや時間などの問題がからんでくるので，全数調査を実施できない場合がありますから，そういう場合への対処を考えることが必要です．

③ 例42を考えましょう．まず，コスト … たとえば10万人の「市民ひとりひと

りの意見を聞いた上で方針を決める」というと「そうせよ」とうなずけるようですが，そのために1億円を使うというのでは，「その金を○○の整備にまわしてくれ」という異議が出てくるかもしれません．もっと低コストで調査できるならそうしてよいのですが，安くあげようとすると，使いものにならない結果になってしまうおそれがあります．安くても精度のよい結果を得る方法を考えることになります．

④　調査に要する時間も問題です．たとえば1990年の状況を調査して結果がまとまるのに2年かかるということでは，結果がまとまった時点では，2年前の情報だということになります．それでよい場合もあるでしょうが，「いまの状況を知って不況対策をたてたい」といった問題意識をもつ調査では，この時間遅れの間に事態が悪くなってしまいますから，この時間遅れを最小限にすることを考えて調査しなければなりません．

例43についていうと，大規模な団地ができて大勢の入居者があった，入居時点で種々の問題意識をもつだろうから，それを把握しよう … 調査の計画をたて，調査にいったときには，入居当初にもっていた問題意識自体がかわっていた，質問してもホットな問題意識は調査できなかった … こういうこともありえます．

⑤　**調査実施過程に発生する問題**　「全数調査を実施できるはず」と判断しても，調査実施段階で「調査対象者に該当するかどうか」を決めにくい，あるいは，対象者に決まっているが留守などの理由で対象者に接触できないなど，調査実施過程でいろいろと問題が発生します．したがって，「結果的には全数でない」ことへの対応を考えておくことが必要です．また，調査対象者の数を減らして，その範囲についての調査を完全に行なうようにせよという考え方がありえます．

⑥　したがって，全数調査の実施に関して（それが可能であるにしても）

> 実施に要するコストと時間を考慮する．
> 対象範囲（母集団）を調査実施過程で適用可能な形で定義する．
> 対象範囲（母集団）の一部分を選んで調査を実施する．

ことを考えることになります．

ここで，「一部分」と表現しましたが，「対象範囲（母集団）の一部分を対象とする」のではありません．当初想定した対象範囲全体に関する情報とみなしうるようにする，そのために調査実施対象を選ぶのです．

このような対象選定法を採用した調査を「標本調査」とよびます．

> 標本調査
> 　一部を調査する，
> 　しかし，知りたいのは，
> 　　その範囲ではなく，全体の情報の推定値

この方法を採用するには，調査実施対象（標本）の選び方が問題です．それについ

ての情報をもって対象範囲全体（母集団）の情報とみなしうるように選べということですが，そのためには，対象者のリスト（またはそれにかわるもの）が必要です．これが利用できることを前提として，標本調査の数理が組み立てられていることを，次節で説明します．

⑦　標本調査とちがう考え方で調査対象を選ぶ場合がありえます．

　　a.　全数ということの概念規定が問題

　まず「全数」という概念を具体的に決めえない場合があります．たとえば例44の場合，問題意識として「全数」といっても，いつも来店して買い物をする顧客から，電車の乗り換えのために通過する人までさまざまなケースが含まれていますから，全数というコトバを精細に概念規定しにくいでしょう．したがって，標本調査の適用を考えるよりも，実際の調査実施手順を優先して考え，いわば「こうして選んだものを全数とみなす」といった代替規定で十分だとするのです．

　　b.　調査目的に適した対象を選び，その情報を得ようとする場合がありうる

　たとえば，ある新商品を開発し市場に出そうとしているが，事前に，どんな層でどの程度の需要が期待できるのか予想できる場合には，その商品の性格や販売戦略を考えて的をしぼる形で調査対象を選ぶ方がよいでしょう．

　ある経済政策を実施する前にそれに対する国民の反応を推測したい … こう考えた場合，経済の仕組みに関する知識の有無によって答え方がちがうでしょうから，専門家を対象とする調査を行なうことが考えられます．

　ここでは，こういう場合についてはふれません．

⑧　「調査対象者について得た情報」を「全体の情報」とみなす根拠をもたない調査であるのにかかわらず，「全体の情報」が得られたかのごとく説明している調査がみられるようです．

　「こういうケースがあった」といえても，「そのケースについて調べた結果」を一般的に通用させうる結果になっていない … そこが問題です．そういう調査と，標本調査の設計ルールに沿ってなされた調査とを，はっきり区別しましょう．

電話や E メールを使った世論調査

　電話や E メールを使った調査でも，なんらかの名簿を使って対象者を選んでいるはずですが，その名簿がどんな構成をもつ集団のサンプルになっているかが問題です．また，名簿に性別・年齢別などの属性区分が掲載されていない場合には，まずそれを聞いて，対象者に含めるか否かを決めるべきです．

　たとえば，ウェブ上に質問文を掲載しておき，「誰でも答えてくれればよい，それを集計する」というとんでもない調査があるかもしれません．

▶8.2 サンプリング調査と推定精度

① サンプリング調査をひとことでいうと,
　　全体を調査するかわりに
　　　⇒ その一部分を調査して
　　　⇒ 全体のことを知ろう
という目的で使われる調査方法です．調査を実施する部分（サンプル）の選び方がキイポイントです．

たいへん「うまい話」ですが,「うまい話」には「うまくいくための前提がある」ことに注意しましょう．この節ではそのことを説明します．

図式的にいうと, 図8.2.1のロジックを採用することを意味します.

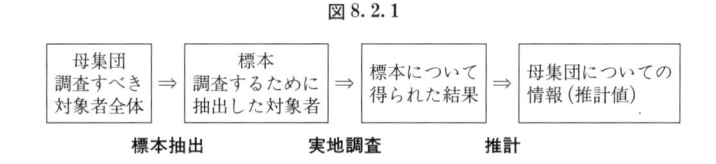

図 8.2.1

| 母集団 調査すべき 対象者全体 | ⇒ | 標本 調査するために 抽出した対象者 | ⇒ | 標本について 得られた結果 | ⇒ | 母集団についての 情報（推計値） |

　　　標本抽出　　　　　　実地調査　　　　　推計

② このロジックについて, 次のような点を説明しましょう.
　　母集団を「代表する」標本 …「代表する」とは？
　　　→ 同じ結果が得られるなら代表するとみてよい.
　　代表するとみられる標本をどのようにして設定するか？
　　　個々に判断する … 成功すればよいが, 客観的な保証がない, くじ引きならどうか

最後の「くじ引き」という話はいかにも唐突な感じを与えますが, これが一応正解とされているのです.

「ランダムサンプリング」とよばれる方法は,「くじ引き」によって調査対象を決めることを基本原理として採用します.

くじ引きだから,「誰があたるか」わからない, したがって「不確かな判断によって左右されることはない」という大きい（？）利点をもちます.

また,「誰があたるかわからない」といっても,「誰もがあたる可能性」があります. いいかえると,「可能性」という観点では全数調査に相当します.

でも, くじ引きの結果は, もちろん, 全数ではありません.

原理として重要なのは,「選ばれた部分」と「全体」の関係を「くじ引き」の数理（すなわち確率論）を使って推論できることです. いいかえると,「誰々が選ばれる可能性はいくらか」を計算することができますから, それを手がかりにして, 部分から全

体を推計するために

「全体を調査したときに得られる値は〇〇以上〇〇以下だ」とみてよい，

そうなる可能性が 95% だ,

という「確率論的なセンス」での発言を誘導できるのです．

すなわち，若干の幅を許容しますが

実地調査した部分についての結果を

全体に関する結果に対応づける

ことができるのです．

> ランダムサンプリングを適用すれば，サンプルにもとづく推計に対して客観的な方法を組み立てることができる

③ それにしても「くじ引き」ですから，「確実にこうだ」という言い方は期待できません．「〇〇±△△の範囲だ」という幅をもたせた言い方をすることになります．

したがって，まず，推定値〇〇についてくる信頼幅△△が

「結果を使う場面で許容される大きさ以下ならよし」

とします．

たとえば推定値＝0.30 であり，信頼幅＝0.05 なら，「半数以下だ」という判断の根拠に使ってよいでしょう．

推定値＝0.30 であり，信頼幅＝0.20 なら，「半数以下だ」という判断は保留する方がよいでしょう．

推定値＝0.30 であり，信頼幅＝0.01 なら，幅の存在を意識することなく，推計値は 0.30 だといってさしつかえないでしょう．

厳密にいうと，これらの言い方が 100% 確実だというわけではなく，「100 中 95 の確からしさ」だという前提つきの言い方になっているのです．

④ 統計学の数理では，信頼幅は「得られた推計値の精度」を表わします．

そうして，その大きさを，次の式で見積もることができます．

> 抽出率と推計精度
> $$\sigma_{\bar{X}} = \frac{\sigma_x}{\sqrt{N}}$$

この式で σ_x は，調査しようとする情報のバラツキの度（たとえば個人差の大きさ）を表わします．N はサンプル数です．その場合の推計値 $\bar{X}$ の精度がこの式で計算できるということです．

精度 $\sigma_{\bar{X}}$ を推計値 $\bar{X}$ に対する比の形で表わしたものを変動係数とよびます．これを CV とかきます．推計値の上下に「推計値の何% の幅をつけるか」をみる値になっているのです．

$$\boxed{\begin{array}{c}\text{推計値の変動係数}\\ CV_{\bar{x}}=\dfrac{CV_x}{\sqrt{N}}\end{array}}$$

このことから，
- サンプル数を多くすれば精度がよくなる．ただし
- 精度を1桁よくするには，サンプル数を100倍にすることが必要．
- 個人差の大きい情報を調査するには
- 変動係数の大きさに応じてサンプル数を大きくすることが必要．

といった指針が得られます．

⑤　比率を扱う場合には，上の算式は次のように簡単な形になります．

$$\boxed{\begin{array}{c}\text{推計値と推計精度}\\ \sigma_P=\dfrac{\sqrt{P(1-P)}}{N}\\ \text{推計値の変動係数}\\ CV_P=\dfrac{1}{\sqrt{NP}}\end{array}}$$

この場合は変動係数を使うと便利です．NP が推計値の分子にあたるサンプル数になっていることに注意してください．

したがって，集計表の各セルにカウントされた数が

　　100なら $CV=10\%$
　　10000なら $CV=1\%$

だということです．

また，必要サンプル数を見積もるためにも使えます．

たとえば頻度が30%程度と予想される情報について $CV=10\%$ の推計を得るためには

$$10\%=\dfrac{1}{\sqrt{NP}},\quad P=0.3$$

ですから，

　　$NP=100$
　　$N=\dfrac{100}{P}=330$

とすればよいことになります．

サンプル数のおおよその目安として1000という言い方がなされます．これは

- $P=0.1$ 程度の情報まで使うものと想定して，
- 精度10%を確保できる

という目安に対応しているのです．

実際には種々の数字を集計して使いますから，たとえば「年齢階級 5 区分別の比較」が中心テーマだから，約 20% のサンプルについての数字を使う，調査項目に対する回答肢が 5 区分の場合，各セルには約 4% の数字が入ることになる，サンプル数 1000 なら 40 程度となる，よって，精度 $1/\sqrt{40}=0.16$ 程度だ，年齢区分間の差がこれをこえるだろうから，まず十分だろう … こういう判断で決めればよいのです．

⑥　ランダムサンプリングの原理に種々のオプションを加えて，精度を向上させることができます．

たとえば

  対象をいくつかの部分にわけて
  それぞれを代表するサンプルが得られるようにする「層別抽出」

あるいは

  まず，地域をサンプリングして，
  次に，その範囲で対象者を選ぶ「2 段階抽出」

などです．「標本設計論」のテキストを参照してください．

▶8.3　調査実施段階で入ってくるバイアス

①　精度を論じるときには，前節で取り上げた「サンプリングに関する精度」だけでなく，「調査実施の種々の段階で入ってくる誤差」についても考慮することが必要です．

サンプリングによる誤差は調査計画の段階で制御できるのに対して，調査実施段階で発生する誤差は制御しにくいため，その評価は，簡単ではありません．

また，サンプリングによる誤差以上に大きくなる可能性があります．さらに，プラスマイナスのどちらか一方に結果をゆがめる形（バイアスといいます）で発生する可能性があります．

制御しにくいとして見過ごすわけにはいきません．なんらかの方法でその大きさを把握しなければならないのです．また，より根本的には，そういう誤差の発生をおさえることが必要です．

②　調査実施のいくつかの段階について，誤差の発生原因とそれへの対処法をあげましょう．

③　**サンプリングの枠**　調査対象の抽出を実行するには，「対象者全体のリスト」が必要です．このリストによって「調査対象に該当するのはこの範囲だ」と具体的に認識した上，そのリスト上でサンプリングして，調査対象を決めるのです．

そういう意味で，

  サンプリングの枠

とよびます．

8.1節で取り上げた例のうち，例41ではクラスの学生名簿，例42では住民登録などのリストを使うことができます．

例43の場合は，転入者が登録していれば「住民登録」の中から条件に該当するものを選びだし，その範囲でサンプリングすればよいのですが，現に入居しても住民登録をしない人もあり，そういう人を対象外にしてよいかどうかが問題です．たとえば各住居ごとに居住者名簿があって利用できればそれを使うのが代案でしょう．

④　調査の実施過程の最初は，こういう「対象者のリスト」を用意することです．

適当な枠が存在しないときには，まず，枠づくりからはじめることが必要となりますから，調査のコストが大きくなります．

利用できるリストがある場合にも，それが更新されておらず，定義上対象者とすべき人がリストに掲載されていないこと，対象者とすべきでない人がリストに掲載されていることがありえます．

枠が利用できないときには，それにかわる措置を考えることが必要です．例44のように，「対象者を抽象的には定義できても，対象者リストの形に表わせない」場合には，たとえば，リストを使わない形のサンプリングを適用しなければなりません．

たとえば「○時○分から○分の間に入口を通過した人」と調査対象を定義し，10人おきに調査対象者とする … こういった「手順規定」で枠にかえる案が考えられます．

もちろん，これがベストとはいえませんが，「答えてくれそうな人ばかりを選ぶ」という最悪な手順よりずっとよいでしょう．

⑤　調査の実施対象を決めたとしても，その全員が調査に応じてくれるとは限りません．

対象者を訪問して面接調査する場合には，「昼間は留守だ」という世帯が大都会では半数以上に達する状態ですから，面接するまでに数回足を運ぶことを強いられることになります．面接できても調査に応じてもらえるとは限りません．そうして，何％かの「調査不能」が残ることになります．

その部分については情報が欠落しますから，その部分の推計をどうするかが問題となります．

調査に応じてもらえなかったときには「かわりの人を調査せよ」という扱いがなされることもありますが，根本的な解決にはなりません．たとえば「かわりの対象をランダムに決めておく」などの対処が考えられますが，乱用すると，サンプリングの意義を失う結果になります．

⑥　調査対象者が調査に応じてくれたときにも，「質問・応答の過程」でバイアスが入ってくるものです．

特に「意識調査」では，聞きたいことをそのまま質問文にすれば答えが得られる … そういう簡単なことではすみません．

聞きたいことが相手に伝わるように，

　　　　質問用語や回答肢を設計すること，
　　　　一連の質問項目の順序を工夫すること，
が必要です．
　　また，相手のあることですから
　　　　どの程度まで考えて質問に応じてくれるか
が問題です．
　　たとえば，調査事項の意図を十分くみとって答えてくれた場合と，とおりいっぺんの答えしか得られなかった場合などを見わけることができれば，そのための処置をとるべきですが，たいへん難しいことですから，結局，集計結果をよみとる段階で考慮する（たとえば3.3節）問題として残されることになるでしょう．
　　⑦　このような非サンプリング誤差の見積もりを得るためには，次のような方法が考えられます．
　　　a.　「母集団についてもっている情報」，たとえば「年齢分布」と照合する．
　　　b.　「変化を把握するために同じ方法で調査をくりかえす」場合には，それらの結果を比べて，実質的な変化と誤差範囲の変化とを見わける．
　　　c.　サンプルをランダムに分割しておき，各サブサンプルごとに結果を求めて比較する．
　　　d.　たとえばサブサンプルごとに異なる質問方法を適用して結果を比べることにより質問方法のちがいによって生じる誤差を推計する．
　　いずれも，簡単ではありませんが，aあるいはcは適用できる場合が多いでしょう．
　　定期的に実施されている調査や，調査方法を研究するという意図を入れた調査では，bやdの扱いが考えられます．
　　⑧　このような調査実施上の諸問題にきちんと対応した調査の結果は，たいへん貴重な情報源です．また，大きいコストを要するものです．
　　こういう点にイージィに対応しても，数字が得られます．また，低コストで数字を求めることもできます．しかし，信頼のおけない数字です．
　　多種多様な情報が流通する時代です．そうして，流通している情報は，「玉石混交状態」です．こういう情報化社会に処するには，
　　　　価値のある情報を見わける力をもつこと
が必要な素養です．信頼のおけない数字を，そのことに気づかず使っている … いわば，「情報に化かされるおそれのある社会」，そういう側面がありますから注意しましょう．
　　本シリーズ第5巻『統計の活用・誤用』にいくつかの例をあげています．参照してください．

「支持率」という数字はバブル？

　ここでは，M総理やK総理の支持率についてコメントするつもりはありません。

　世論調査や意識調査の結果を「1つの数字」でとらえようとするとき，その数字の浮動性，裏返していうと不動性に注意することが必要だということを指摘したいのです。

　支持率，すなわち「支持すると答えた人の数」ですが，そにには，不動の支持者と，浮動の支持者が含まれています。

　浮動層は，支持の根拠づけを意識することなく，その時のムードによって答えをかえる可能性が高く，しかも，数が多いので，不動層の数を包み込んでしまいます。これが10％とか90％という極端な値をつくり出す結果となるのです。

　支持率を気にする人々は，かつては「不動層に注目してその支持をつなぎとめよう」と行動していましたが，浮動層の影響が大きいため，「浮動層の支持を得ることを考えて」行動することになります。また，マスコミなどの影響を受けやすいので，マスコミへの対応に過度に気を使うことになります。

　こういう状態下でつくられた情報にひかれて，重要な決定がなされてよいでしょうか。

　また，事実を記した記事に「必ずしもその内容を客観的に要約したとはいいがたい」見出しをつけるマスコミ紙が多い，見出しのみをみてそれ以上くわしく内容をよまない読者が多い … こういう情報流通状況に問題はないでしょうか。

　浮動は，「現状をかえよという意思表示だ」と位置づけうるならよしとしましょう。しかし，「こういう状況下でたまたまそうなったに過ぎないバブルだ」とすると … 考えるべき大きい問題として提起しておきます。

　この問題に対する直接の答えは，このテキストでは示していませんが，すべての人々が

　　　　「価値ある情報を見わける力をもつこと」

が必要だと思います。

9 分析計画とデータの求め方

「対象をどのように想定して調査を実施するか」を考える段階で選択されるいくつかの「調査・分析計画の進め方」，特に，現象の時間的変化を把握しようとするときに必要なコホート調査，追跡調査，回顧調査などについて説明します．
　調査結果を利用するときにも，これらの調査方式のちがいを考慮に入れた扱いをすることが必要ですから，知っておきましょう．

▷9.1　調査対象をどのように設定するか

　① この最後の章では，最初の問題を取り上げます．
どんな調査をするときにも，
　　　　最初に問題意識がある
はずです．そうして，
　　　　その問題意識に応じて，調査内容を定め，調査対象を選ぶ
のです．
　その意味では最初に考えることですが，統計手法としては，「外から与えられる条件」であり，その条件をみたすように，調査方法を設計し，結果の分析を進めるのです．
　しかし，外から与えられることだとしても，内と外との接点に位置するいくつかの問題があります．ここでは，調査方法の設計，特に，対象設定の仕方に関して，条件を外から与える際に注意すべき問題にふれることにします．
　② いくつかの事例をあげて，考え方を進めていきます．
　「京都・大阪・兵庫の県民の暮らしやすさに関する意識」を比べてみたい … こういう問題が提起されたとしましょう．
　そのために，「各府県の全域からランダムサンプルを選んで調査し，結果を比べる」

という案（以下A案とよぶ）が提案されました．もっともな案ですが，結果をどのように集計するかを考えているうちに，「京都市周辺・大阪市周辺・神戸市周辺に限定して，その範囲からサンプルを選んで調査し，比較しよう」という代案（以下B案とよぶ）が提示されました．

これらの両案のどちらを採用するかを考えましょう．

「府県の一部を対象として調査して〇〇県民の意識だ」といいにくいでしょう．

しかし，その調査結果を分析する段階で，3つの県の情報の比較では，
　　　　それらの間に差がみられたとしても，
　　　　その差を「県民の意識の差」とラベルづけする
ことに疑問をもたねばならないでしょう．

大阪府はまあよいとしても，京都府・兵庫県の場合は，基盤条件の異なる山陰側をかかえていますから，それらの地域の住民意識と，京都市周辺あるいは神戸市周辺の住民意識とを平均してそのちがいを消してしまった「県民意識」は，形式的には「県の平均」といえるにしても，実態に対応しない「つくられた平均像」になってしまいます．

B案は，「同じ京阪神圏であっても相違する県民性の差をみよう」という問題意識にもとづく代案です．

もちろんサンプル数を十分多くとれれば，結果集計の段階で「大都市周辺・山陰側といった地域区分」を入れることで，A案で調査しても，B案で提唱された趣旨に応じた分析を実施できます．

ただし，地域区分別にわけて集計するためには，サンプル数を多くしておくことが必要ですから，コストの制約があるとすれば，比較可能な大都市周辺に限り，3県の大都市どうしを比べるB案が有力な代案となるのです．

③ 「東京の人と大阪の人の意識を比べてみよう」という問題意識をもつ調査において，調査範囲を，東京は島嶼部を除く範囲，大阪府は全域と設定することは，理にかなったことです．

東京・大阪の比較という問題意識での差とは「ちがった次元での差」にあたる東京都島嶼部の情報は，割愛するということです．無視ではなく，別の問題だとするのです．

④ 調査の手引きなどで，サンプリングの結果として「離島」が選ばれたとしても，変更してはいけない … これは，別の話です．③で述べたのは，調査範囲を設定する段階での問題であり，「変更してはいけない」というのは，調査範囲を定めた後でのサンプリングの問題です．

サンプリング方式の設計において，コストのかかる地域での抽出率を低くするという扱いを「島嶼部」に適用することは，考えられます．そうするにしても（そうならなおのこと），抽出された地域を変更するのはできないことです．

⑤ 理想的なことをいっても，調査に応じてくれない人が出てくる，その場合，サ

ンプルを選びかえることによって数を確保しよう … こういう理想と現実の間で妥協せざるをえない事態がありえます.

　その場合にも，サンプリングの精神を生かして，「あらかじめランダムに選んでおいた範囲から代替する」といった妥協案を採用します．これなら，代替したことにより生じる偏りを把握できるからです.

　ただし，偏りを防げるわけではありません．偏りが許容範囲以内なら使える，許容範囲をこえるなら使えない … こういうことですから，代替は少なくするように努力すべきです.

　そういう問題は「わからない」から答えない … こういう場合についても，それゆえに変更するのでなく，「わからない」という回答区分を設けて調査し，集計すべきですが，そういうケースが多いなら，調査設計を考えなおすことが必要でしょう．たとえば後述する ⑦ です.

　⑥　社会現象の説明を考えるとき，典型的なケースを取り上げた「ケーススタディ」とよばれる調査を行なうことがよくあります.

　たとえばある「集落」に注目し，その集落に暮らす人々の実態を，数年つづけて観察しようという場合です.

　この場合は，取り上げたケースそのものの情報に情報価値を見出しているのであって，「その情報を，より広い範囲に適合する情報とみる」ことは，統計手法の枠外においているのだと解釈しましょう．サンプリング，精度といった概念をもちだす場面ではありません.

　同じサンプルについてつづけて何回か調査する「パネル調査」とよばれる方法があります．これは，「そのサンプルの範囲での変化をみる」という意味ではケーススタディと似ていますが，「サンプルの範囲でみた変化が全体でみた変化を表わす情報になっていること」を保証するために，サンプル設計を要するという意味で，ケーススタディとは異なります.

　⑦　専門家でなければ判断のつかない問題について，その問題について十分な判断力をもたない人を含めたサンプル調査をすると，得られた結果に「わからない」という回答が多くなるでしょう.

　また，問題によっては，対象者自身の答えというよりも，マスコミなどを通じて形成された説を答えている … こういう結果になるでしょう．誰の回答か解釈しにくい結果になってしまいます.

　したがって，「すべての人の意見を聞く」というステロタイプな扱いをするよりも，専門家を選んで調査する方がよい … 調査対象者の範囲設定の問題として考えるべきことです.

　特定の人を選んで調査した場合に問題となる「客観性の保証」については，数名について求めた調査結果を集計し，対象者に示し，「こういう結果になりました，これをみて，もう一度あなたの意見を」という形で再度調査する … いわば，対象者に

「間接的に意見交換してもらうことによって，客観性をもつように集約されていくことを期待する」デルファイ法とよばれる調査方法もあります．

▷ 9.2　コホート比較

① 以下の節では，時間的変化を把握しようとする場合に有効な調査（あるいは分析）方法について説明します．
② 表9.2.1は，日本人の生きがい観について

1. 働いて金持ちになる　　　2. 勉強して，名をあげる
3. 趣味にあった暮らしをする　4. その日その日をのんきに暮らす
5. 清く正しく暮らす　　　　6. 社会につくす

のいずれかを選択してもらった結果の年次推移です．
7.1節などですでに取り上げていますが，もう一度取り上げましょう．

表 9.2.1　日本人の生きがい観の変化 ——（例 9）

年次	生きがい観の区分						その他
	1	2	3	4	5	6	
53	15	6	21	11	29	10	9
58	17	3	27	18	23	6	5
63	17	4	30	19	18	6	6
68	17	3	33	20	17	6	5

この表から，区分3,4，すなわち「趣味にあった暮らし」あるいは「のんきに過ごす」をあげる人が年々多くなっていること，区分5,6すなわち「清く正しく」あるいは「社会につくす」をあげる人が年々減っていることがよみとれるようです．

ただし，「よみとれる」といわず，「よみとれるようだ」とした理由を考えてください．それを考えることが，この節の主題である「データの見方」のひとつである

　　　　「コホートの考え方」

につながるのです．

③ まず，「趣味」や「のんきに」が戦後派，「清く正しく」や「社会につくす」が戦前派（すべての人がそうだとはいえないにしても）の特徴だと考えると，この情報を，年齢で区分してみたくなります．前章のコトバを使うと，年次差をみるときに「年齢差」が混同されているから，「それをクロスしてみよう」ということです．

そうした結果を図示してみましょう．図9.2.2です．こういう図が各年次ごとに求められますが，図では，1953年，1958年，1963年の分だけをあげてあります．

これでみてわかるように，「趣味にあった暮らし」は，年齢とともに減っています．どの年次でも同じ傾向です．

9.2 コホート比較

図 9.2.2 日本人の生きがい観の年齢別比較

```
53年の年齢別比較
            11111____333333333333333333_____555555555555555____
            1111111__3333333333333_____555555555555555555____
            111111__333333333333333_____555555555555555___
            11111111___33333333333_____5555555555555555_____
            111111111___33333333_____55555555555555555_____
            11111111111____3333333_____555555555555555_____
            111111111_____33333333_____5555555555555_____-
            111111111_____3333333_____5555555555555_____
            111111111_____33333_____555555555555_____

58年の年齢別比較
            111111_3333333333333333333_____5555555555555_____-
            1111111_333333333333333333_____5555555555555__
            1111111111111_3333333333333333333_____5555555_
            111111111__333333333333_____555555555555555__-
            111111111111__333333333333_____55555555___
            11111111111_333333333333_____5555555555555___
            11111___33333333333_____5555555555_____
            111111111_3333333333333_____555555555555_____-
            11111111__33333333333_____555555555555_____

63年の年齢別比較
            111111_33333333333333333333333_____555555555___
            1111111___333333333333333333_____555555555__-
            11111111111_3333333333333333_____555555555___
            1111111111__333333333333333_____555555555__
            1111111111_3333333333333333_____5555555___
            11111111___333333333333_____55555555___
            11111111111___333333333333_____55555555555___
            111111111111____3333333333333_____55555555___
            1111111111__33333333333_____555555555_____-
```

回答の構成を回答区分の番号で表示していますが，区切りを見やすくするため，偶数番を__にしてある．

観察結果からこのことは「はっきりしている」ようですが，「事実に反している」というクレームが出るのではないでしょうか．

④ 戦前派といえども，家族のため，あるいは社会のために働いた後は，もういいだろう，これから後は「趣味にあった暮らしをしよう」とかわる人が少なくないと思います．したがって，「年齢とともに減る」のではなく，「年齢とともに増える」のではないか … こういう予想からくる疑問です．

このクレームは重要です．

このクレームでは，
　　　「年齢とともに」という表現を，
　　　「歳をとるにつれて」という意味
で使っています．

図 9.2.2 で比較されている区分は，「歳をとるにつれて」どうかわるかという問いに答えるものになっていません．

1953 年 (あるいは 1958 年，1963 年) という

断面における「年齢層 20〜25, 25〜30, …を比較したもの」
ですが，20〜25 歳の人が 25〜30 歳になり，25〜30 歳の人が 30〜35 歳になったときの変化は，この図からはよみとれません．

⑤ 「歳をとるにつれて」という見方をするには
　　1953 年の 20〜25 歳の情報と
　　1958 年の 25〜30 歳の情報を比べる
とよい … このことに気づいてください．

仮に日本人全体についてこういう比較をしたとすると，
　　同じ人々について，20〜25 歳だったとき (53 年) の情報と
　　25〜30 歳になったとき (58 年) の情報とを比べる
ことになります．したがって，
　　同じ人について変化をみるという意図どおりの情報比較
になっているのです．実際には全国民を調査するのと同様な結果が得られるように選んだサンプルについて調査しますが，基本的な
　　同じ集団を追跡してみる
という点は維持されています．

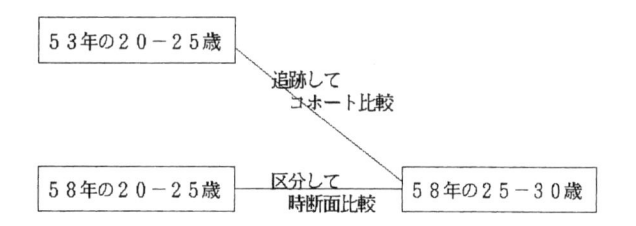

```
┌─────────────┐
│ 53年の20-25歳 │
└─────────────┘  追跡して
                  コホート比較
┌─────────────┐ 区分して    ┌─────────────┐
│ 58年の20-25歳 │ 時断面比較  │ 58年の25-30歳 │
└─────────────┘            └─────────────┘
```

⑥ こういう見方は
　　コホート分析
とよばれています．コホートは
　　同時出生集団
と訳されています．

1953 年の 20〜25 歳と 1958 年の 25〜30 歳とは，「1923 年と 1928 年の間に生まれたもの」とよみかえることができますから，
　　「出生年次が同時である集団」
という意味です．もちろん死亡や海外との出入りがありますから，同じ人を追跡調査した場合と全く同じではありませんが，多少の出入りはあるものの「集団のレベルでは同じものとみてよし」とするのです．

図 9.2.2 をコホートの見方に対応するよう書き換えたものが，次ページの図 9.2.3 です．

9.2 コホート比較

図 9.2.3 日本人の生きがい観のコホート比較

```
24-28年出生者のコホート比較
          11111____3333333333333333_____555555555555555_____
          1111111_3333333333333333333_____5555555555555__
          11111111111_3333333333333333_____555555555___
          11111111111_3333333333333333_____555555555___
          111111111___33333333333333333333_____5555555___

29-33年出生者のコホート比較
          1111111___3333333333333_____5555555555555555_____
          1111111111111_3333333333333333333_____5555555_
          111111111___3333333333333333_____555555555___
          11111111___3333333333333333_____555555555___
          111111111___3333333333333333_____555555___

34-38年出生者のコホート比較
          111111___333333333333333_____5555555555555____
          1111111111_33333333333_____5555555555555555__-
          11111111_3333333333333333_____555555555____
          11111111___3333333333333333_____555555555____
          11111111_3333333333333333_____5555555___

39-43年出生者のコホート比較
          1111111____33333333333_____5555555555555555_____
          1111111111111__333333333333_____55555555_____
          1111111____333333333333_____55555555____
          1111111111__333333333333_____55555555____
          1111111___3333333333333333_____5555555555___
```

この図でみると，
　　　　歳とともに「趣味にあった暮らし」にかわる人が多い
ことがよみとれます．
　一見すると図 9.2.2 でみた結果と逆のようですが，見方（データの取り上げ方）がちがうのですから，矛盾はありません．
　特定年次における年齢層などの集団区分間の比較は
　　　　時断面比較
とよび，年次を特定するかわりに出生年次を特定して年の経過とともにどうかわるかをみる
　　　　コホート比較
とを使いわけましょう．
　コホート比較は，それができるように，たとえば
　　　　「5 年おきに同じ調査を行ない，年齢 5 歳区分別に集計する」
といった条件をみたしている場合に，はじめて可能となります．したがって，そういう「計画性をもって実施された調査」は貴重です．
　専門用語を出すと敬遠されそうですが，「歳をとるにつれてどうかわるかをみる」のだと了解すれば，「そういう見方をしている」と，さまざまな例をあげることができるでしょう．常識のレベルに位置づけてよい概念です．

図 9.2.4 時断面比較とコホート比較
　　　　　見方に応じて線の引き方をかえる

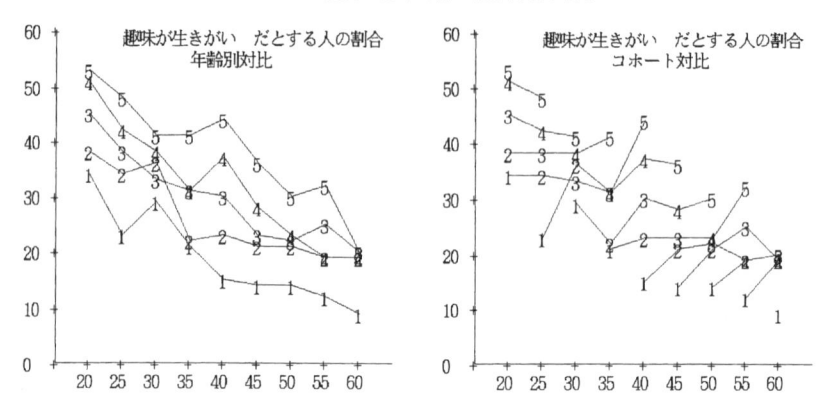

⑦　構成比の区分の1つを取り上げれば，簡明にフォローできるグラフにできます．

図9.2.4は，生きがい観区分のうちの「趣味にあった暮らし」をあげた人の比率に注目して，別の形のグラフにしたものです．

区分を限定していますが，時断面比較の見方とコホート比較の見方のちがいがはっきりすると思います．同じデータをプロットしていますが，線の引き方をかえていることに注意しましょう．

▶9.3　追跡調査・回顧調査

①　**喫煙と健康**　今では，喫煙が健康に悪影響をもたらすことは常識となっていますが，この疑いが提起されたときには，その事実の有無を調べるために，アメリカをはじめ，多くの国で大規模な調査が実施されました．わが国においては，平山による調査があります．

この節では，主としてこの平山調査の結果を例にとって，このような「因果関係立証を目的とする調査」における調査方法について説明しましょう．数字は，厚生省編集の「喫煙と健康」(資料31)から間接的に引用します．

②　平山調査は，次の方法を採用しています．

> 29保健所管内の40歳以上の成人26万人について，
> 昭和41～48年の間の8年間
> 　　喫煙量などの調査記録(死亡発生前の状態の調査)を集積していき，
> 　　死亡の発生，死亡原因(死亡発生時の届け出)と照合して，
> 　　喫煙量などと死因との関係を集計する．

喫煙量などの情報は，死亡発生時以前に調査されています．したがって，あらかじめ喫煙者グループと非喫煙者グループにわけ，両グループのその後の経過を，時の流れを追う形で「追跡」した形になっているのです．
　こういう調査方法を「追跡調査」または「前向き調査(prospective survey)」とよびます．
③　平山調査によると，次の結果が得られています．

表 9.3.1　虚血性心失患による死亡率
（人口 10 万人あたり）——(例 34)

男	死亡時の年齢			
	40〜	50〜	60〜	70〜
非喫煙者	8.0	48.3	105.5	180.6
喫煙者	24.7	68.8	170.7	323.8

　非喫煙者の死亡率に対する倍率の形にすると，喫煙者は 1.71 倍（たとえば 60〜の区分でみると）の「リスク」をもっているということです．
　この相対リスクを，喫煙量あるいは喫煙開始年齢でわけて比較してみると，次のようになっています．

表 9.3.2　喫煙量との関係

区分	相対リスク
男　非喫煙者	1
1〜19 本	1.53
20〜29 本	1.70
30 本以上	2.12

表 9.3.3　喫煙開始年齢との関係

区分	相対リスク
男　非喫煙者	1
25 歳以降	1.58
20〜24 歳	1.51
19 歳未満	2.02

　喫煙量が多いほど，そうして，早い時期から喫煙しているものほど，リスクが高いことがわかります．
　これらの傾向は，他の国の調査でも確認されている事実です．
④　これらの調査では，喫煙すなわち「因（原図）と想定される事実」の調査と，死亡すなわち「果（結果）と想定される事実」の調査を，
　　　　因果関係の流れを追跡する形で実施している
ことに注意しましょう．このことが，説得力がある結果をもたらしているのです．追跡期間中に種々の状態変化を観察しつづけておけば，因と想定される種々の条件を組み合わせて，さらに分析を深めることができます．
　ただし，追跡のために長時間を要すること，調査記録の保持分析に大きい手数とコストがかかることなどから，簡単には実行できない調査方法です．

この場合，「因を有すると想定される対象者」を想定して，それらの対象者の変化を調べているのではないことに注意しましょう．「因ではない」と想定される対象者も含めて調査し，結果をみるときに「因を有する群」と「因を有しない群」にわけてみるのです．「因を有する群」だけに注目した追跡調査もありますが，その場合は，因果関係が強いと想定される群と，因果関係が弱いと想定される群を比べるという方法で補うことができます．

⑤ 同じような情報を別の調査方法で求めることもできます．

回顧調査または後向き調査 (retrospective survey) とよばれる調査方法です．

この方法では，問題視している「果の発生」(たとえば肺ガンによる死亡の発生) をまず把握します．そうして，「因とみられる事実の有無」(たとえば過去の喫煙習慣) を調査するのです．

この場合，因果関係の有無を確認するために，「果の発生がみられた対象群」だけでなく，それと年齢・性別などのそろった「果の発生のなかった対照群」を選び，両群について同様な調査を行ないます．

◆注 対象群についてみられた変化を，対照群における変化と対照してみる … そういう意味で「対照群」という呼称が採用されています．対照群の情報がないと，対象群の変化を有意な変化だという根拠づけができないことに注意しましょう．

この方法を採用した例として次の表があります．

ドイツのケルン市での死因調査によって，肺ガン発生が増加し，それがほとんど男性だったことから，喫煙との関係を疑って調査 (Muller, 1939) された結果です．

因の調査を果の発生後に「過去をふりかえる形で調査」することから，得られた「因」に関する結果がゆがんでいるなど，結果の精度・バイアスに問題がありますから，因果関係の立証という観点では，前向き調査にかえうるものではありません．

しかし，問題の所在を認知した，その時点で調査しようと考えた場合，後向きに調査する他に方法がありません．

喫煙と健康の問題についても，

　　　　後向き調査で「問題の所在」がアピールされ

社会的に大きい影響をもたらすアクションをとるために

　　　　前向き調査で「因果関係の確認」がとられた

という経過です．

⑥ 何を食べると健康に益がある (害がある) という情報があふれていますが，そ

表 9.3.4 喫煙と肺ガンの関係 ——(例 34)

	計	非喫煙者	喫煙者	ヘビースモーカー
肺ガン例	100 (86)	3.5	31.4	65.1
対照群	100 (X)	16.3	47.7	36.0

の情報の求め方を調べずに信じてしまう … 価値のある情報を見わける力をもちましょう．

　第8章で述べたサンプリングや，第9章で述べた調査計画は，
　　　　調査したケースについての情報を，
　　　　　　同様な条件にある多数のケースに関する情報として一般化するための仕組みだと考えることができます．こういう仕組みを組み込んで求めた情報が，価値のある情報です．

　こういう仕組みをもっていない情報は，こういうケースがあったといえるにしても，一般にそうだとひろげた言い方はできないのです．価値なしということではありませんが，そういう仕組みを組み込んだ情報と，はっきり区別しましょう．

付録 A ● 分析例とその資料源

分析例		参照箇所	資料源	付表名
例 1	日本人の生きがい観の年齢別比較	0.1, 2.2, 2.3, 4.1, 4.2, 5.5 節, 問題 1	資料 15	付表 B.3
例 2	職場条件に対する満足度	0.1 節	資料 26	表 0.1.4
例 3	家庭生活に対する満足度	3.5 節	資料 26	表 3.5.2
例 4	大学卒業生の評価	4.1, 5.1, 5.7, 6.2 節	資料 26	付表 B.1.2
例 5	学校で学んだこと	3.4 節	資料 26	付表 B.1.3
例 6	社会に出て成功する要因	1.5, 2.4, 3.6, 3.8 節	資料 26	付表 B.1.1
例 7	子供にどの程度の教育を受けさせるか 大学にいかせる理由 ── 親の年齢別	5.4, 5.6 節	資料 28	付表 B.2.1
例 8	子供にどの程度の教育を受けさせるか 大学にいかせる理由 ── 親の学歴別	3.2, 3.3, 5.6 節	資料 28	付表 B.2.2
例 9	日本人の国民性 ── 年齢別	7.5, 9.2 節	資料 21	付表 B.4
例 10	日本人の国民性 ── 学歴別	7.1, 7.3 節	資料 21	表 7.5.3〜7.5.7
例 11	学校に対する満足度と不満理由	3.4, 3.5 節	資料 27	付表 B.1.4
例 12	職場に対する満足度と不満理由	3.6 節	資料 27	付表 B.1.5
例 13	国民性の変化	7.4 節	資料 21	表 7.4.5
例 14	人の成功は個人の能力か運チャンスか	3.6 節	資料 22	表 3.6.2
例 15	健康状態についての満足度	7.1, 7.2, 7.4 節	資料 22	付表 B.8
例 16	お金があれば遊んで暮らす	3.5 節	資料 24	表 3.5.5
例 17	科学技術の発達と人間らしさ	1.6, 3.7, 3.8 節	資料 22	表 3.7.1
例 18	機械化と人の心の豊かさ	3.7, 3.8 節	資料 22	表 3.8.2
例 19	コンピュータは社会に望ましいか	3.8 節	資料 22	表 3.8.5
例 20	お金は大切なものと教えるか	3.7 節	資料 22	表 3.7.2
例 21	正しいと思えばおしとおす	3.7 節	資料 22	表 3.7.3
例 22	東京 23 区の住民の職種構成	5.8, 6.1, 6.2 節	資料 33	付表 B.6
例 23	世論調査の結果のモデル例	5.3 節, 問題 4	仮想例	表 5.3.1
例 24	歩く距離と健康	7.1 節	資料 32	表 7.1.1
例 25	暮らしやすさの評価の県別比較	3.2 節	資料 23	付表 B.7.1
例 26	好きな食べ物の県別比較	問題 2	資料 23	付表 B.5.1
例 27	好きな食べ物の年齢および県別比較		資料 23	付表 B.5.2
例 28	住居移動者の地域環境評価		資料 29	付表 B.7.2
例 29	大学卒業の評価 ── 親の年齢別		資料 28	付表 B.2.3
例 30	体罰経験の有無	3.3 節	資料 11	表 3.3.5
例 31	男の子に注意すること女の子に注意すること	3.3 節	不明	表 3.3.6
例 32	産業別県内総生産	問題 1	資料 34	表 1.A.2

付録

例33	夫婦の誕生日	4.1節, 問題4	仮想例	表4.A.5
例33A	夫婦の年齢	問題4	資料37	表4.A.6
例34	喫煙量と死亡率など	9.3節	資料31	表9.3.1～9.3.4
例35	憲法改正に関する意識	3.9節	資料12	表3.9.1～3.9.4
例36	週休2日制実施状況	問題1	資料35	
例37	消費支出額分布	0.1節	資料37	表0.1.5
例38	消費支出額平均値	0.1節	資料36	表0.1.6
例39	消費支出費目別平均値	0.1節	資料36	表0.1.7
例40	喫煙と健康	問題1	仮想例	表1.A.1～1.A.4
例41	調査対象の選び方を説明するための例	8.1節	仮想例	
例42	同上	8.1節	仮想例	
例43	同上	8.1節	仮想例	
例44	同上	8.1節	仮想例	

資料源: 基礎データが掲載されている資料名.
付表名: 基礎データを本文中または付録Bに掲載している場合など, その表名.

資　料

資料 11　ザイゼル「数字で語る」(木村定訳)，東洋経済新報社，1962
資料 12　林知己夫「調査の科学」，講談社 (ブルーバックス B571)，1984
資料 13　飽戸弘「社会調査入門」，日本経済新聞社 (日経新書 147)，1971
資料 14　飽戸弘「社会調査ハンドブック」，日本経済新聞社，1987
資料 15　見田宗介「現代の青年像」，講談社 (現代新書 142)，1968
資料 17 a　「社会調査の標準化過程における回答誤差の研究」，統計数理研究所研究リポート 42，1978
資料 17 b　「社会調査における回答誤差の統計的研究」，統計数理研究所研究リポート 44，1980
資料 17 c　「社会調査の実施過程における調査誤差の研究」，統計数理研究所研究リポート 52，1981
資料 21 a　統計数理研究所国民性調査委員会，「日本人の国民性」，至誠堂，1961
資料 21 b　統計数理研究所国民性調査委員会，「第 2 日本人の国民性」，至誠堂，1971
資料 21 c　統計数理研究所国民性調査委員会，「第 3 日本人の国民性」，至誠堂，1975
資料 21 d　統計数理研究所国民性調査委員会，「第 4 日本人の国民性」，出光書店，1982
資料 21 e　統計数理研究所国民性調査委員会，「第 5 日本人の国民性」，出光書店，1992
資料 21 f　第 8 回「日本人の国民性調査」，(1988 年実施) 基本集計，統計数理研究所，1988
資料 22　意識の国際比較方法論の研究：5 カ国調査 (1987 年，1988 年実施) 性別年齢別集計，統計数理研究所研究リポート 73，1993
資料 23 a　「全国県民意識調査」，NHK 放送世論調査所，1978
資料 23 b　「全国県民意識調査」，NHK 放送世論調査所，1997
資料 24　NHK 世論調査部「日本の大都市サラリーマン」，日本放送協会，1984
資料 25 a　吉田昇「現代青年の意識と行動」，日本放送協会 (NHK ブックス 322)，1978
資料 25 b　NHK 世論調査部「現代日本人の意識構造」第 2 版，日本放送協会 (NHK ブックス 485)，1985
資料 25 c　NHK 世論調査部「現代日本人の意識構造」第 3 版，日本放送協会 (NHK

ブックス 614)，1991
資料 26 「世界の青年との比較でみた日本の青年」(世界青年意識調査)，総務庁青少年対策本部，毎 5 年
資料 27 「青少年の連帯感などに関する調査報告書」，総理府広報室，毎 5 年
資料 28 「教育問題 (学歴) に関する意識調査，内閣総理大臣官房広報室，1985
資料 29 「人口移動の実態 ― 人口移動要因調査の解説」，国土庁，1982
資料 31 厚生省編「喫煙と健康」，保健同人社，1987
資料 32 「国民栄養調査」，厚生省，1991
資料 33 「国勢調査」，総務庁統計局，毎 5 年
資料 34 「県民経済計算年報」，経済企画庁，毎年
資料 35 賃金労働時間制度等総合調査報告，労働省，毎年
資料 36 「全国消費実態調査」，総務庁統計局，毎 5 年
資料 37 「人口動態統計調査」，厚生省，毎年

注：政府刊行物については，省庁再編前の組織名で示している．

付録B ● 付表：図・表・問題の基礎データ

付表 B.1.1　社会に出て成功する要因
付表 B.1.2　大学卒業生の評価
付表 B.1.3　大学で学んだこと
付表 B.1.4　学校への満足度と不満の理由
付表 B.1.5　職場への満足度と不満の理由
付表 B.2　　子供にどの程度の教育を受けさせるか
付表 B.3　　生きがい観の年齢・性別比較
付表 B.4　　日本人の国民性
付表 B.5.1　食物の好みの地域差
付表 B.5.2　食物の好みの地域および年齢差
付表 B.6　　住民の職種構成
付表 B.7.1　暮らしやすさの評価の県別比較
付表 B.7.2　住所移動パターンと前住地・現住地の評価
付表 B.8　　健康意識の国別比較

* それぞれの表に記した資料からの引用です．数字の定義などについては，それぞれの資料を参照してください．
* 数字の表示桁数などをかえたものもあります．
* 数字は，それぞれに付記したファイル名で，UEDA のデータベースに収録されています．
* ファイルには，表示した範囲以外の数字を掲載している場合もあります．また，分析のために編成したファイル(たとえば区分を集約したり，UEDA を使うためのキイワードを付加したもの)もあります．UEDA のデータベース検索用プログラム TBLSRCH を使って調べることができます．

付表 B. 1. 1　社会に出て成功する要因 (MA)

	78 年調査							83 年調査					
	計	A1	A2	A3	A4	A5	A6	計	A1	A2	A3	A4	A5	A6
日　本	2010	96	975	1371	283	880	54	1021	33	511	755	80	483	15
アメリカ	2116	281	1251	1481	908	182	13	1134	135	631	725	548	81	5
イギリス	1990	227	1290	1274	744	337	26	1035	109	666	684	382	178	8
西ドイツ	2002	438	1215	1133	228	619	58	1032	188	573	521	134	322	33
フランス	2003	751	961	1148	389	547	28	1000	373	485	617	207	265	6
スウェーデン	2001	184	1247	1245	944	244	70	1022	69	606	697	512	117	7
スイス	1999	548	1055	1037	704	478	22	1013	197	537	513	306	279	44
オーストラリア	2000	218	1102	1532	786	180	44							
韓　国								1013	114	827	750	256	36	5
フィリピン	1995	409	1191	1113	864	369	12	993	171	586	655	369	204	0
ブラジル	1986	711	1039	1033	586	453	20	1033	269	516	648	303	283	4

	88 年調査							93 年調査					
	計	A1	A2	A3	A4	A5	A6	計	A1	A2	A3	A4	A5	A6
日　本	1082	41	564	709	133	560	12	1053	37	528	764	121	529	9
アメリカ	1034	123	541	689	562	67	4	1002	145	440	691	551	96	3
イギリス	1036	107	653	688	333	163	20	1070	95	609	715	430	205	4
ドイツ	1005	168	667	670	132	290	29	2784	432	1829	1654	412	857	100
フランス	1001	332	501	569	266	276	6	1018	269	526	566	321	312	2
スウェーデン	1014	69	681	676	450	115	11	1000	95	586	696	424	173	7
オーストラリア	1255	128	715	899	583	103	3							
韓　国	1002	165	779	712	281	47	3	1000	187	774	711	280	47	3
中　国	1021	164	418	536	101	503	72							
シンガポール	1001	162	677	580	456	120	3							
フィリピン								1000	130	566	749	434	112	0
タ　イ								1000	381	668	703	183	103	0
ブラジル	1028	288	468	599	332	294	4	1424	221	601	758	494	476	7
ロシア								1060	253	519	508	199	357	21

A1：身分・家柄，　A2：個人の才能，　A3：個人の努力，　A4：学歴，　A5：運・チャンス，　A6：NA.

　1993 年以降は，A1：身分・家柄・親の地位と変更されている．
　1988 年までのドイツは，旧西ドイツ．

［資料 26/DQ22］

付表 B.1.2 大学卒業生の評価

	77年調査							83年調査						
	計	A1	A2	A3	A4	A5	A6	計	A1	A2	A3	A4	A5	A6
日　本	2008	523	84	217	657	400	127	1021	233	32	87	363	189	117
アメリカ	2116	336	273	764	527	121	95	1134	171	129	442	291	50	51
イギリス	1994	363	197	865	303	197	68	1035	187	97	524	151	62	14
西ドイツ	2002	188	336	943	170	268	58	1032	99	153	493	87	170	30
フランス	2003	501	365	294	511	210	122	1000	251	162	172	287	100	28

A1：一流大学を出ているかどうかということ
A2：大学ならどの大学でもよい
A3：大学でどのような成績を修めたかということ
A4：大学でどのような専門分野を学んだかということ
A5：わからない
A6：NA

［資料 25/DQ11］

付表 B.1.3 大学で学んだこと (MA)

	計	A1	A2	A3	A4	A5	A6	A7	A8
					78年調査				
日　本	1262	305	237	692	109	114	534	433	74
アメリカ	1270	268	564	964	597	415	928	724	19
イギリス	1662	170	489	1261	469	351	1015	681	70
西ドイツ	1147	133	173	740	195	83	301	294	190
フランス	1319	530	303	715	216	222	605	620	59
					83年調査				
日　本	597	164	118	307	55	57	316	228	39
アメリカ	648	158	266	507	283	213	438	348	9
イギリス	800	103	252	631	248	204	555	451	25
西ドイツ	563	70	85	385	112	87	220	156	63
フランス	663	308	161	350	98	109	322	401	23

学校卒業者に対して
  A1：専門的な知識を身につけた
  A2：職業的技能を身につけた
  A3：一般的・基礎的知識を身につけた
  A4：自分の技能をみつけだし，それをのばすことができた
  A5：先生と個人的接触をもつことができた
  A6：友人と深い友情で結ばれた
  A7：自由な時間を楽しむことができた
  A8：NA

［資料 26/DQ12］

付表 B.1.4 学校への満足度と不満の理由 (1985 年)

学校への満足度

	計	S1	S2	S3	S4	S5
計	1391	479	635	213	61	4
男	754	244	352	125	30	3
女	637	235	283	88	31	0

S:学校への満足度
　　S1:満足, S2:まあ満足, S3:やや不満, S4:不満, S5:不明.

不満の理由

	S3+S4	A1	A2	A3	A4	A5	A6
計	274	52	35	100	137	37	36
男	155	23	17	48	81	20	25
女	119	29	18	52	56	17	10

A:不満の理由 (MA)
　　A1:施設のこと, A2:友人のこと, A3:先生のこと, A4:授業の仕方や授業科目のこと, A5:クラブやサークル活動のこと, A6:この中にはない・不明.

家庭の悩みとの関係

	計	S1	S2	S3	S4	S5
計	1391	479	635	213	61	3
B1	11	0	5	4	2	0
B2	95	14	36	32	12	1
B3	566	142	303	94	26	1
B4	712	322	287	81	21	1
B5	7	2	4	1	0	0

B:家庭の悩み
　　B1:大いにある, B2:ある, B3:あまりない, B4:全然ない, B5:不明.

［資料 27／ファイル DN80］

付表 B.1.5 職場への満足度と不満の理由 (1985 年)

職場への満足度

	計	S1	S2	S3	S4	S5
計	795	156	373	189	77	0
男	361	67	177	75	42	0
女	434	89	196	114	35	0

S：職場への満足度
　　S1：満足，　S2：まあ満足，　S3：やや不満，　S4：不満，　S5：不明．

不満の理由

	S3+S4	A1	A2	A3	A4	A5	A6	A7	A8	A9	A0
計	266	111	36	107	47	10	71	46	24	46	10
男	117	53	22	45	14	4	36	28	5	21	4
女	149	58	14	62	33	6	35	18	19	25	6

A：不満の理由 (MA)
　　A1：賃金や待遇がよくない，　A2：自分の意見が活かされない，A3：働く時間や休憩に不満，　A4：上司の理解がない，　A5 同僚とうまくいかない，　A6：仕事の内容が自分にあわない，　A7：将来が不安定である，　A8：不公平に扱われる，　A9：仕事が単調すぎてつまらない，　A0：この中にはない．

家庭の悩みとの関係

	計	S1	S2	S3	S4	S5
計	795	156	373	189	77	0
B1	12	1	4	1	6	0
B2	83	8	29	29	17	0
B3	381	56	201	98	26	0
B4	312	88	136	60	28	0
B5	7	3	3	1	0	0

B：家庭の悩み
　　B1：大いにある，　B2：ある，　B3：あまりない，　B4：全然ない，B5：不明．

[資料 27/ファイル DN81]

付表 B.2.1 子供にどの程度の教育を受けさせるか

子供を大学にいかせる理由 (MA) 親の年齢区分別 (1985 年)

回答者区分	計	S1	S2	S3	S4	S5	S6	S7	S3+S4	A1	A2	A3	A4	A5	A6	A7
					男の子についての男親の意識											
男親	3596	11	679	161	1690	47	939	68	1852	167	933	1163	678	320	28	36
20〜29歳	463	0	90	22	187	3	156	5	209	21	94	130	68	54	3	7
30〜39歳	755	2	110	26	381	14	219	2	407	27	203	264	145	77	5	16
40〜49歳	776	3	131	36	404	8	184	10	440	35	215	294	177	70	3	5
50〜59歳	797	5	155	46	372	13	191	15	418	39	211	260	154	73	12	5
60〜69歳	495	1	122	21	213	4	118	16	235	26	129	133	88	28	2	2
70歳以上	310	1	71	12	131	4	69	22	143	18	81	82	45	19	3	2
					男の子についての女親の意識											
女親	4354	13	605	157	2168	74	1189	148	2326	244	1158	1356	977	386	58	33
20〜29歳	620	3	63	19	325	9	194	7	344	29	179	202	149	55	6	15
30〜39歳	1153	5	142	40	593	21	330	22	633	64	312	392	260	105	18	12
40〜49歳	981	1	114	44	525	15	264	18	569	51	283	350	233	95	14	3
50〜59歳	792	2	125	21	400	14	212	18	421	44	210	235	183	81	7	3
60〜69歳	531	2	113	26	220	8	125	37	246	27	120	133	111	37	11	1
70歳以上	277	1	48	7	106	6	63	48	113	29	54	43	41	12	2	1
					女の子についての男親の意識											
男親	3596	18	1327	852	360	14	1189	148	1211	113	800	480	148	325	220	46
20〜29歳	463	1	141	99	49	0	165	8	148	14	92	68	16	44	21	1
30〜39歳	755	3	247	177	96	5	221	6	273	30	178	116	29	75	39	19
40〜49歳	776	2	306	197	71	2	182	16	268	21	182	102	30	80	49	7
50〜59歳	797	9	311	202	63	3	186	23	265	27	179	97	35	68	58	2
60〜69歳	495	3	208	110	48	2	109	15	158	13	101	58	22	36	36	4
70歳以上	310	0	114	68	31	1	71	25	99	8	68	38	16	21	18	2
					女の子についての女親の意識											
女親	4354	22	1371	1128	505	13	1180	135	1630	163	1025	680	227	453	275	69
20〜29歳	620	5	150	176	82	2	200	5	258	27	153	123	39	73	35	15
30〜39歳	1153	6	327	300	136	3	357	22	436	42	281	202	61	124	69	21
40〜49歳	981	3	320	275	108	4	259	12	383	33	257	157	53	112	60	12
50〜59歳	792	3	270	233	86	2	208	18	319	28	191	114	38	91	67	18
60〜69歳	531	3	204	106	43	0	122	33	169	19	109	65	23	43	35	3
70歳以上	277	2	100	37	28	3	64	42	65	14	35	19	12	10	9	0

S1:中学, S2:高校, S3:短大・高専, S4:大学, S5:大学院, S6:本人にまかせる, S7:NA.

A1:多くの人がいっているから, A2:幅広い教養を身につけるため, A3:専門知識や技術を身につけるため, A4:就職や職場での昇進に有利だから, A5:よい友達や先輩が得られるから, A6:結婚に有利だから, A7:のんびりと青春をたのしめるから. [資料28/ファイル DR10, DR11]

付表 B.2.2 子供にどの程度の教育を受けさせるか

子供を大学にいかせる理由 (MA) 親の学歴区分別 (1985 年)

回答者区分	計	S1	S2	S3	S4	S5	S6	S7	S3+S4	A1	A2	A3	A4	A5	A6	A7
						男の子についての男親の意識										
男親	3596	10	504	107	1196	38	680	61	1852	166	933	1163	677	321	28	37
小卒	163	0	45	6	46	1	50	15	52	13	26	25	18	6	1	1
中卒	1083	6	307	43	421	7	264	35	463	42	224	277	196	64	12	3
高卒	1486	1	85	28	240	3	125	4	818	69	410	531	330	110	8	16
大卒	810	3	57	28	471	27	222	2	499	41	263	317	126	137	7	17
不明	54	0	10	2	18	0	19	5	20	1	10	13	7	4	0	0
						男の子についての女親の意識										
女親	4354	15	695	157	2169	75	1188	145	2328	244	1158	1355	978	386	58	35
小卒	235	2	63	6	65	0	57	42	71	23	26	24	31	6	1	1
中卒	1274	3	275	52	538	5	339	62	589	73	269	299	304	81	15	5
高卒	2234	7	230	87	1231	47	603	29	1319	119	677	827	528	226	26	20
大卒	551	1	24	11	314	19	178	4	325	26	176	193	106	69	15	9
不明	60	2	13	1	21	4	11	8	22	3	10	12	9	4	1	0
						女の子についての男親の意識										
男親	3596	18	1326	852	359	13	935	93	1211	113	800	479	148	324	221	45
小卒	163	0	76	18	10	1	44	16	26	3	16	5	4	4	7	2
中卒	1086	8	538	190	67	2	235	43	257	23	151	104	45	50	66	6
高卒	1486	6	551	384	135	7	381	22	519	55	343	216	66	118	96	13
大卒	810	4	145	250	146	3	255	7	396	30	280	150	31	150	51	24
不明	54	0	16	12	1	0	20	5	13	2	10	4	2	2	1	0
						女の子についての女親の意識										
女親	4354	21	1372	1129	504	16	1183	129	1630	163	1026	680	226	453	275	65
小卒	235	3	104	24	13	1	50	40	37	11	16	10	7	5	5	0
中卒	1274	6	572	249	83	2	305	57	331	33	185	136	63	77	64	12
高卒	2234	9	623	691	268	9	612	22	957	96	619	402	125	266	173	38
大卒	551	1	50	152	135	3	207	3	287	19	195	127	30	99	30	18
不明	60	2	23	13	5	1	9	7	18	4	11	5	1	6	3	0

S1:中学, S2:高校, S3:短大・高専, S4:大学, S5:大学院, S6:本人にまかせる, S7:NA.

A1:多くの人がいっているから, A2:幅広い教養を身につけるため, A3:専門知識や技術を身につけるため, A4:就職や職場での昇進に有利だから, A5:よい友達や先輩が得られるから, A6:結婚に有利だから, A7:のんびりと青春をたのしめるから.

[資料 28/ファイル DR10, DR11]

付表 B.2.3 大学卒業の評価 (1985 年)

```
10000  '********************************'
10001  '*              大学卒業の評価                *'
10002  '*                   DR12                    *'
10003  '*   回答区分  1：大学卒という肩書き  2：出身大学の名前  *'
10004  '*           3：大学での成績      4：大学での専攻分野    *'
10005  '*           5：人間性         6：知識・教養・技術   7：NA *'
10006  '*対象者区分 親の年齢7区分(20～24/25～29/30～39/40～49/50～59/60～69/70～) *'
10007  '********************************'
20010  data TABLE. AB＝男親の考え方
20020  data NOBS＝7/NVAR＝7
20030  data 3596, 1054, 443, 73, 491, 426, 855, 238
20040  data 202, 79, 24, 2, 27, 19, 47, 4
20050  data 261, 103, 43, 5, 29, 21, 48, 12
20060  data 755, 254, 101, 12, 111, 67, 165, 40
20070  data 776, 220, 95, 15, 130, 77, 194, 43
20080  data 797, 189, 99, 21, 114, 116, 196, 58
20090  data 495, 137, 43, 11, 51, 83, 128, 38
20100  data 310, 72, 38, 8, 29, 43, 76, 43
21010  data TABLE. AB＝女親の考え方
21020  data NOBS＝7/NVAR＝7
21030  data 4354, 1323, 471, 90, 534, 558, 985, 378
21040  data 249, 82, 36, 4, 40, 22, 58, 7
21050  data 371, 125, 55, 9, 43, 27, 101, 12
21060  data 1153, 424, 116, 23, 172, 110, 239, 65
21070  data 981, 271, 125, 23, 128, 134, 221, 74
21080  data 792, 224, 86, 16, 80, 129, 186, 68
21090  data 531, 136, 35, 8, 54, 91, 126, 81
21100  data 277, 61, 18, 8, 17, 45, 55, 72
23999  data END
```

注：UEDA でのデータ記録形式である

［資料 28/DR12］

付表 B.3 生きがい観の年齢・性別比較（3 要因組み合わせ表の例 (1967 年)）

	T	A1	A2	A3	A4	A5
T	3670	910	840	640	500	780
B1 C1	350	0	40	60	130	120
B1 C2	240	10	20	50	70	90
B1 C3	280	40	40	60	40	100
B1 C4	300	90	60	50	20	80
B1 C5	290	100	80	40	10	60
B1 C6	270	90	80	40	10	50
B2 C1	380	0	90	80	100	110
B2 C2	260	40	60	60	50	50
B2 C3	320	110	90	70	20	30
B2 C4	350	150	100	50	20	30
B2 C5	320	150	90	40	10	30
B2 C6	310	130	90	40	20	30

A：生きがい観は
　　A1：子供，　A2：家庭，　A3：生活，　A4：レジャー，　A5：仕事．
B：男女別
　　B1：男，　B2：女．
C：年齢区分
　　C1：15～19，　C2：20～24，　C3：25～29，　C4：30～34，　C5：35～39，　C6：40～44．

[資料 15/DP10]

付表 B.4 日本人の国民性

年齢別	1953 年						1958 年						1963 年						1968 年					
	A1	A2	A3	A4	A5	A6	A1	A2	A3	A4	A5	A6	A1	A2	A3	A4	A5	A6	A1	A2	A3	A4	A5	A6
20～24	9	5	34	9	28	11	12	2	38	12	26	8	12	2	45	15	16	3	13	2	51	16	10	5
25～29	12	4	23	9	33	11	13	2	34	17	25	6	16	4	38	16	18	4	14	2	42	19	15	4
30～34	11	3	29	16	28	7	24	2	36	18	13	3	21	2	33	19	18	3	19	2	38	18	15	4
35～39	15	5	21	12	29	11	20	2	22	16	33	4	18	3	31	18	17	6	21	2	31	20	17	4
40～44	19	5	15	13	34	7	24	3	23	21	16	8	19	2	30	21	16	6	16	3	37	17	18	5
45～49	20	8	14	11	32	10	20	1	21	19	23	7	5	6	23	26	18	6	17	3	28	22	17	8
50～54	17	7	14	17	28	8	10	3	21	35	19	10	20	4	22	20	20	7	22	3	23	27	16	6
55～59	16	11	12	10	27	13	17	2	19	22	23	8	24	5	25	19	16	7	18	4	19	19	23	9
60～64	15	13	9	15	24	6	14	2	19	16	25	12	18	4	20	19	17	13	17	4	19	24	23	9
65～69	27	5	10	4	18	20	22	8	3	27	25	5	13	11	17	19	20	11	18	5	16	28	18	10
70～	27	14	6	22	13	10	3	10	24	24	0	12	12	22	14	11	9	11	21	23	13			

A は「あなたの生きがいは」という問いに対する回答区分：（横計に対する百分比）
　A1：一生懸命働き，金持ちになること
　A2：まじめに勉強して，名をあげること
　A3：金や名誉を考えず，自分の趣味にあった暮らしをすること
　A4：その日その日を，のんきにクヨクヨしないで暮らすこと
　A5：世の中のよくないことを押しのけて，清く正く暮らすこと
　A6：自分の一身のことを考えず，社会のためにすべてを捧げて暮らすこと

[資料 21/DP30]

付表 B.5.1 食物の好みの地域差 (1978)

県別	計	肉	魚	野菜
北海道	624	216	215	193
青森	643	212	206	225
岩手	588	179	202	207
宮城	663	207	223	233
秋田	650	239	197	214
山形	662	224	165	273
福島	642	191	180	271
茨城	620	199	153	268
栃木	663	218	140	305
群馬	715	230	132	353
埼玉	675	241	165	269
千葉	584	214	179	191
東京	622	266	161	195
神奈川	677	256	202	219
新潟	676	186	180	310
富山	639	162	221	256
石川	597	168	212	217
福井	620	209	159	252
山梨	626	195	109	322
長野	630	229	99	302
岐阜	647	221	101	325
静岡	654	203	181	270
愛知	592	244	135	213
三重	585	198	169	218
滋賀	656	270	139	247
京都	605	262	154	189
大阪	617	303	164	150
兵庫	596	296	145	155
奈良	717	336	167	214
和歌山	610	255	194	161
鳥取	701	239	211	251
島根	638	205	225	208
岡山	645	235	168	242
広島	676	265	189	222
山口	664	242	225	197
徳島	643	226	163	254
香川	599	223	157	219
愛媛	670	218	209	243
高知	617	197	221	199
福岡	658	256	200	202
佐賀	663	228	223	212
長崎	613	195	247	171
熊本	714	262	198	254
大分	611	253	158	200
宮崎	642	272	182	188
鹿児島	629	191	221	217
沖縄	575	195	135	245

[資料 23/DM20]

付表 B.5.2 食物の好みの地域および年齢差 (1978)

県・年齢	計	肉	魚	野菜
茨城県				
16〜25	104	44	14	46
26〜35	145	50	38	57
36〜45	131	49	33	49
46〜55	113	24	32	57
56〜	127	32	36	59
栃木県				
16〜25	93	35	12	46
26〜35	145	52	36	57
36〜45	150	58	36	56
46〜55	125	36	30	59
56〜	150	37	26	87
群馬県				
16〜25	114	52	11	51
26〜35	162	61	32	69
36〜45	168	50	37	81
46〜55	126	32	28	66
56〜	145	35	24	86
埼玉県				
16〜25	93	54	6	33
26〜35	184	78	43	63
36〜45	166	50	57	59
46〜55	106	30	30	46
56〜	127	29	29	68
千葉県				
16〜25	99	51	11	37
26〜35	162	63	58	41
36〜45	163	55	55	53
46〜55	94	29	34	31
56〜	66	16	21	29
東京都				
16〜25	124	65	21	38
26〜35	165	70	48	47
36〜45	127	58	37	32
46〜55	107	45	30	32
56〜	102	31	25	46
神奈川県				
16〜25	76	44	9	23
26〜35	193	93	56	44
36〜45	200	62	67	71
46〜55	119	36	41	42
56〜	89	21	29	39

他の県の数字も，原資料には掲載されている

[資料 23/DM10]

付表 B.6　住民の職種構成/東京 23 区

地域	1960 年 職種区分 (千人)						地域	1965 年 職種区分 (千人)					
	T	A	B	C	D	E		T	A	B	C	D	E
千代田	56	8	10	15	13	10	千代田	57	8	10	15	14	10
中央	78	7	13	24	19	15	中央	80	7	13	24	22	14
港	128	20	27	24	35	22	港	134	20	27	24	40	23
新宿	207	33	46	39	57	32	新宿	220	33	46	39	65	37
文京	128	19	28	25	41	15	文京	134	19	28	25	45	17
台東	167	14	24	43	62	24	台東	172	14	24	43	66	25
江東	174	14	23	31	92	14	江東	182	14	23	31	99	15
墨田	178	10	27	30	96	15	墨田	195	10	27	30	111	17
品川	218	24	45	37	88	24	品川	232	24	45	37	99	27
目黒	142	23	36	23	46	14	目黒	150	23	36	23	52	16
大田	373	43	77	56	165	32	太田	395	43	77	56	184	35
世田谷	311	62	85	53	85	26	世田谷	334	62	85	53	102	32
渋谷	137	22	34	25	36	20	渋谷	145	22	34	25	42	22
中野	171	27	46	34	47	17	中野	193	27	46	34	66	20
杉並	238	38	68	46	55	21	杉並	248	48	68	46	64	22
豊島	189	23	44	37	60	25	豊島	197	23	44	37	68	25
北	220	21	51	40	87	21	北	235	21	51	40	99	24
荒川	143	9	21	26	75	12	荒川	150	9	21	26	82	12
板橋	220	21	45	34	104	16	板橋	237	21	45	34	118	19
練馬	175	30	44	31	57	13	練馬	193	30	44	31	70	18
足立	230	15	38	37	125	15	足立	251	15	38	37	143	18
葛飾	207	15	36	33	110	13	葛飾	226	15	36	33	124	18
江戸川	175	13	31	30	95	6	江戸川	202	13	31	30	112	16

A：管理的職種，　B：事務従事者，　C：販売従事者，　D：工場労働者，　E：サービス職業従事者

[資料 33/DG10X]

付表 B.7.1　暮らしやすさの評価の県別比較 (1978 年)

県別	X1	X2	X3	X4	X5	X6	X7	X8	X9
北海道	82.3	72.4	71.3	31.8	68.5	60.1	24.1	72.7	76.4
青森	88.5	67.0	67.8	39.2	69.9	51.2	19.6	66.1	77.5
岩手	83.9	71.2	73.1	46.1	67.7	59.4	16.7	74.5	77.7
宮城	85.9	72.3	76.7	42.2	75.2	63.8	21.4	78.7	74.9
秋田	86.9	66.4	62.0	44.6	66.7	61.0	25.1	74.8	80.5
山形	87.1	61.2	67.3	39.3	63.4	58.1	17.3	77.0	78.9
福島	84.7	62.5	59.8	30.4	63.8	58.9	19.8	74.7	80.4
茨城	81.8	48.6	53.5	30.1	54.9	48.2	15.8	81.8	77.5
栃木	81.4	50.7	57.6	30.2	57.1	50.7	18.1	86.5	76.4
群馬	84.3	42.6	58.6	36.9	59.8	55.1	20.8	83.8	76.5
埼玉	83.7	48.8	56.7	32.0	50.6	44.2	19.5	78.5	68.5
千葉	82.0	59.2	61.7	32.3	58.1	57.2	20.9	81.4	68.7

	X1	X2	X3	X4	X5	X6	X7	X8	X9
東京	80.1	83.8	82.9	44.8	76.1	71.7	32.9	81.8	66.9
神奈川	80.0	72.1	72.7	27.6	65.9	68.1	25.0	80.1	67.5
新潟	87.6	57.4	64.3	36.7	66.5	62.4	19.0	66.4	77.9
富山	89.1	64.2	72.7	43.7	61.9	62.0	23.2	71.3	72.6
石川	85.9	62.7	70.3	29.8	65.5	65.4	25.3	71.7	77.5
福井	85.8	56.4	63.0	36.4	65.6	59.6	19.5	64.8	69.3
山梨	81.5	57.5	56.0	34.5	59.5	58.2	23.2	72.0	76.7
長野	83.8	57.1	62.0	40.4	68.3	58.9	24.0	77.1	77.3
岐阜	84.1	58.0	69.0	37.1	66.7	61.9	22.2	63.8	73.8
静岡	81.9	62.4	67.7	33.7	60.9	60.6	20.1	62.9	69.0
愛知	81.5	72.9	77.1	37.0	74.7	66.3	25.8	67.2	68.4
三重	86.3	70.6	71.4	35.4	68.8	63.8	23.5	64.2	74.6
滋賀	81.5	49.3	54.7	29.4	61.4	59.4	15.8	70.6	75.0
京都	81.5	73.1	75.8	22.1	73.4	66.1	19.5	74.0	68.4
大阪	78.1	76.8	75.1	32.9	72.0	68.3	26.0	72.2	63.9
兵庫	81.1	71.3	70.7	32.4	68.2	67.6	27.1	73.0	66.5
奈良	81.9	58.1	50.8	27.1	60.4	62.1	12.6	79.0	78.1
和歌山	85.1	58.4	65.5	30.1	71.3	64.8	17.4	62.1	77.0
鳥取	82.5	59.7	64.0	33.1	66.9	60.5	19.1	71.9	76.9
島根	85.4	56.5	64.8	36.6	67.8	59.6	12.2	65.8	77.6
岡山	83.9	65.9	73.3	36.0	74.3	62.0	18.3	74.1	68.6
広島	84.9	63.5	68.2	32.8	71.5	67.2	21.4	76.4	73.7
山口	88.8	71.4	70.1	43.1	73.0	68.2	26.5	73.5	73.5
徳島	84.3	49.3	63.6	26.9	72.3	58.6	16.9	65.2	73.5
香川	87.6	61.4	67.6	35.5	68.7	63.3	22.0	73.0	76.3
愛媛	88.1	64.0	67.5	34.4	67.9	66.5	21.3	73.9	77.0
高知	84.1	60.4	61.9	31.7	63.3	61.0	15.6	58.0	77.3
福岡	83.4	71.9	71.3	36.7	74.9	66.3	21.8	76.2	75.4
佐賀	88.4	58.2	60.7	32.3	72.6	57.8	19.1	68.1	76.0
長崎	87.8	60.3	66.9	33.7	66.6	61.6	13.7	68.4	78.6
熊本	89.9	76.7	75.5	31.9	78.7	63.9	28.1	70.8	73.4
大分	82.7	61.0	68.7	33.4	67.2	58.4	18.9	68.3	68.7
宮崎	89.7	69.5	73.6	39.0	71.8	58.8	25.2	74.4	74.1
鹿児島	87.5	64.0	66.9	34.6	68.0	65.3	23.4	65.0	79.2
沖縄	85.7	54.5	63.3	37.1	54.4	61.4	17.1	67.2	65.8

それぞれの評価基準について,「よい」と答えた人の割合
　X1:総合評価,　X2:交通の便,　X3:買物の便,　X4:文化施設,　X5:病院・診療所,　X6:環境衛生,　X7:娯楽施設,　X8:自然災害,　X9:公害.

[資料23/DN10]

付表 B.7.2 住所移動パターンと前住地・現住地の評価(1981年)

移動パターン		移動者数	前住地の評価					現住地の評価				
			A	B	C	D	E	A	B	C	D	E
						ア：交通の便						
東京圏	11	315	158	92	37	28	0	162	91	41	20	0
	12	289	193	64	18	13	1	52	71	100	65	1
	21	131	34	35	34	26	2	86	35	7	3	0
	22	413	161	100	82	67	3	116	111	105	79	2
大阪圏	11	110	63	24	10	13	0	50	31	14	15	0
	12	131	84	30	12	5	0	30	40	32	28	1
	21	83	33	20	17	13	0	52	18	6	7	0
	22	291	138	81	31	41	0	81	81	74	53	2
						ケ：娯楽施設						
東京圏	11	315	63	77	58	48	69	34	72	66	34	10
	12	289	78	95	36	29	51	13	56	75	69	76
	21	131	12	29	32	23	35	22	39	19	7	44
	22	413	59	102	89	84	79	43	71	102	71	126
大阪圏	11	110	13	35	27	19	16	14	24	32	14	26
	12	131	29	31	26	17	28	13	28	25	21	44
	21	83	10	22	20	12	19	17	17	11	14	24
	22	291	36	77	63	57	58	28	67	54	61	81
						ソ：地域の連帯感						
東京圏	11	315	40	92	51	33	99	33	85	46	26	125
	12	289	53	93	53	26	64	38	76	55	20	100
	21	131	22	42	18	7	42	10	32	18	16	55
	22	413	74	159	51	46	83	60	130	70	30	123
大阪圏	11	110	16	42	20	12	20	20	33	16	15	26
	12	131	22	45	24	16	24	18	31	21	16	45
	21	83	23	31	8	4	17	9	16	20	13	25
	22	291	55	97	49	29	61	30	98	45	29	89

移動パターン（いずれも圏内移動）　11：中心部から中心部，　12：中心部から周辺部，　21：周辺部から中心部，　22：周辺部から周辺部．

評価指標　ア：交通の便，イ：買物の便，ウ：交通の安全，エ：通勤通学の便，オ：自然環境，カ：医療施設，キ：教育施設，ク：文化施設，ケ：娯楽施設，コ：スポーツ施設，サ：近所づきあい，シ：近所の静かさ，ス：災害に対する安全性，セ：犯罪に対する安全性，ソ：地域の連帯感，タ：コミュニティ活動，チ：情報を得る機会，ツ：就業機会．

評価区分　A：良い，B：やや良い，C：やや悪い，D：悪い，E：わからない．

［資料29/DN50］

付表 B.8 健康意識の国別比較

	健康意識					
	満足	まあ満足	やや不満	不満	NA	計(対象者数)
年齢 ～19						
ドイツ	35.9	48.7	12.8	0.0	2.6	100.0 (39)
フランス	24.4	71.1	4.4	0.0	0.0	100.0 (45)
イギリス	29.5	61.4	6.8	2.3	0.0	100.0 (44)
アメリカ	56.9	29.4	11.8	2.0	0.0	100.0 (51)
日本	20.6	54.0	20.6	4.8	0.0	100.0 (63)
年齢 20～						
ドイツ	27.8	53.8	13.9	0.9	3.6	100.0 (223)
フランス	28.2	66.1	5.2	0.0	0.0	100.0 (227)
イギリス	40.0	49.5	7.5	3.0	0.0	100.0 (200)
アメリカ	49.4	39.5	8.7	2.3	0.0	100.0 (263)
日本	15.5	59.9	19.5	3.4	1.7	100.0 (297)
年齢 30～						
ドイツ	22.3	60.2	10.0	3.8	3.8	100.0 (211)
フランス	24.2	67.4	8.1	0.4	0.0	100.0 (236)
イギリス	40.6	47.2	8.6	3.0	0.5	100.0 (197)
アメリカ	48.7	41.1	6.0	4.1	0.0	100.0 (316)
日本	11.0	62.1	21.5	3.9	1.6	100.0 (438)
年齢 40～						
ドイツ	17.5	68.3	11.5	1.6	1.1	100.0 (183)
フランス	20.1	66.0	9.0	4.9	0.0	100.0 (144)
イギリス	41.0	44.8	8.7	5.5	0.0	100.0 (183)
アメリカ	41.1	45.0	10.5	3.1	0.4	100.0 (258)
日本	12.4	58.1	22.6	4.3	2.6	100.0 (492)
年齢 50～						
ドイツ	11.5	69.2	14.7	1.9	2.6	100.0 (156)
フランス	16.0	61.8	20.8	0.7	0.2	100.0 (144)
イギリス	34.7	50.7	7.6	6.9	0.0	100.0 (144)
アメリカ	46.6	38.8	7.8	6.3	0.5	100.0 (206)
日本	14.1	53.9	22.5	6.6	2.8	100.0 (453)
年齢 60～						
ドイツ	10.1	60.6	21.8	5.3	2.1	100.0 (188)
フランス	20.7	58.5	17.5	3.2	0.0	100.0 (217)
イギリス	44.0	42.9	9.5	3.3	0.4	100.0 (275)
アメリカ	43.9	41.8	8.5	5.5	0.2	100.0 (469)
日本	14.4	55.4	19.0	8.0	3.2	100.0 (522)

「同じ年齢の人と比べてあなたの健康状態は」という質問の答え

[資料 22/DS10]

付録 C ● 統計ソフト UEDA

① まず明らかなことは
　　　統計手法を適用するためには，コンピュータが必要

だということです．計算機なしでは実行できない複雑な計算，何回も試行錯誤をくりかえして最適解を見出すためのくりかえし計算，多種多様なデータを管理し利用する機能など，コンピュータが果たす役割は大きいのです．また，統計学の学習においても，コンピュータの利用を視点に入れて進めることが必要です．

したがって，このシリーズについても，各テキストで説明した手法を適用するために必要なプログラムを用意してあります．

② ただし，
　　　「それがあれば何でもできる」というわけではない

ことに注意しましょう．

道具という意味では，「使いやすいものであれ」と期待されます．当然の要求ですが，広範囲の手法や選択機能がありますから，当面している問題に対して，
　　　「どの手法を選ぶか，どの機能を指定するか」

という「コンピュータには任せられない」ステップがあります．そこが難しく，学習と経験が必要です．「誰でもできます」と気軽に使えるものではありません．「統計学を知らなくても使える」ようにはできません．これが本質です．

③ このため「統計パッケージ」は，「知っている人でないと使えない」という側面をもっているのですが，そういう側面を考慮に入れて使いやすくする … これは，考えましょう．たとえば，「使い方のガイドをおりこんだソフト」にすることを考えるのです．

特に，学習用のテキストでは
　　　「学習用という側面を考慮に入れた設計が必要」

です．

UEDA は，このことを考慮に入れた「学習用のソフト」です．

UEDA は，著者の名前であるとともに，Utility for Educating Data Analysis の略称です．

④ 教育用ということを意図して，
　　○手法の説明を画面上に展開するソフト
　　○処理の過程を説明つきで示すソフト

○典型的な使い方を体験できるように組み立てたソフト
を，学習の順を追って使えるようになっています．たとえば「回帰分析」のプログラムがいくつかにわけてあるのも，このことを考えたためです．はじめに使うプログラムでは，何でもできるようにせず基本的な機能に限定しておく，次に進むと，機能を選択できるようにする … こういう設計にしてあるのです．

⑤　学習という意味では，そのために適した「データ」を使えるようにしておくことが必要です．したがって，UEDA には，データを入力する機能だけでなく，

　　学習用ということを考えて選んだデータファイルを収録した
　　「データベース」が用意されている

のです．収録されたデータは必ずしも最新の情報ではありません．それを使った場合に，「学習の観点で有効な結果が得られる」ことを優先して選択しているのです．

⑥　以上のような意味で，UEDA は，テキストと一体をなす「学習用システム」だと位置づけるべきものです．

⑦　このシステムは，10 年ほど前に DOS 版として開発し，朝倉書店を通じて市販していたものの Windows 版です．いくつかの大学や社会人を対象とする研修での利用経験を考慮に入れて，手法の選択や画面上での説明の展開を工夫するなど，大幅に改定したのが，本シリーズで扱う Version 6 です（第 9 巻に添付）．

⑧　次は，UEDA を使うときに最初に現われるメニュー画面です．このシリーズのすべてのテキストに対応する内容になっているのです．

くわしい内容および使い方は本シリーズ第 9 巻『統計ソフト UEDA の使い方』を参照してください．

UEDA のメニュー画面

Utility for Educating Data Analysis	
1…データの統計的表現（基本）	8…多次元データ解析
2…データの統計的表現（分布）	9…地域メッシュデータ
3…分散分析と仮説検定	10…アンケート処理
4…2 変数の関係	11…統計グラフと統計地図
5…回帰分析	12…データベース
6…時系列分析	13…共通ルーティン
7…構成比の比較・分析	14…GUIDE

　注：プログラムは，富士通の BASIC 言語コンパイラ―FBASIC97 を使って開発しました．開発したプログラムの実行時に必要なモジュールは，添付されています．
　　Windows は，95，98，NT，2000 のいずれでも動きます．

索　引

欧　文

DK　41
MA　48, 53, 58
　　──の場合のグラフ　49
NA　41

ア　行

意識調査　75
異次元の区分　61
インタープリテーション　37

ウォード法　125
後向き調査　182

円グラフ　10

帯グラフ　10

カ　行

回顧調査　180, 182
χ^2統計量　84
χ^2分布　88
階層構造　61, 98
階層的手法　125
仮説検定法　90
仮説主導型　98
　　──の説明　36
加法的分解　100

観察結果の説明　36
観察単位数　5
間接法　153
関連情報量　83

記号表現　25
基礎データの分解　95
帰謬法の論理　90
級間情報量　106
級内情報量　106

区分集約法　85
区分の集約　114
クラスター　125
クラスター分析　123
グラフ表現　3
くりかえし　112
グループわけ　97
　　──の有効度　97
クロス集計　142

ケーススタディ　175
結果の解釈　3, 62
決定係数　118

構成比　2, 7
　　──を比べるためのグラフ　9
構成比比較表　7
項目　6
項目区分　6
コホート　178
コホート比較　176, 179

Correspondence Analysis　130
混同効果の補正　147
混同要因　137

サ 行

三角図表　14
　　──の効用　16
三重組み合わせ表　105
サンプリング調査　166
サンプリングの枠　169

時断面比較　179
質的データ　7
質問表の設計　38
質問用語　75
　　──の影響　71
指標の誘導　72
尺度化　129
集団区分　6
自由度　89
縮約　30
樹状図　128
主成分分析　131
順位データ　9
順位変数　9
情報量　79
　　──の大きさ　91
　　──の定義　82, 86
　　──の統計量としての特性　87
　　──の分解　95, 101
　　──の有意水準　88
情報量成分表　112
情報量ロス　85, 116
情報化社会　78
情報集約の視点　115
情報縮約　97
情報の縮約　98
情報表現の分解　101
シンプソンのパラドックス　140

数量化Ⅲ類　130
数量化の方法　29
数量データ　9
数量変数　9

成分分解の視点　114
絶対尺度　32
説明変数　6
全情報量　106
全数調査　163

相対尺度　32
粗比率　140, 148
粗平均値　140

タ 行

対応分析　130
対象群　182
対照群　182
多成分データ　6

中間回答　65
調査対象　5
　　──の設定　173
直接法　149

追跡調査　180, 181

データ主導型　98
　　──の説明　37
データの精度　147
データの求め方　3
デルファイ法　176
デンドログラム　125, 128

統計グラフ　12
統計的ウソ発見機　44
同時出生集団　178
特定化比率　148

度数分布比較表　7
どちらともいえない　62
特化係数　22
　　──のグラフ　31
とめおき法　63

ナ 行

二重分類表　5
ニット　83

ハ 行

バイアス　169
パーシモニィの原理　30
パターン表示　24
パネル調査　175

非階層的手法　128
被説明変数　6
標準化比率　140, 148
標準化平均値　140
標本　166
標本調査　163

風配図　12, 31
複数回答　48, 53, 58
布置図　134
不動層　66
浮動層　66
分析計画　101, 109
分析手段としての運用　27
分析手段としての構成　27
分析手法の骨組み　25

平均情報量　83
平均値比較表　8
変数値セット　6

母集団　166

マ 行

前向き調査　181

無回答　41
無視しにくい不詳　43

名目変数　9
面接調査　63

ヤ 行

有意差検定　113

用語の選択　66, 71

ラ 行

ランダムサンプリング　166, 167

量的データ　7

レーダーチャート　12

ワ 行

「わからない」　41
「わからない」の素性　43

著者略歴

上田　尚一（うえだ・しょういち）
1927年　広島県に生まれる
1950年　東京大学第一工学部応用数学科卒業
　　　　総務庁統計局，厚生省，外務省，統計研修所などにて
　　　　統計・電子計算機関係の職務に従事
1982年　龍谷大学経済学部教授

主著　『パソコンで学ぶデータ解析の方法』Ⅰ，Ⅱ（朝倉書店，1990，1991）
　　　『統計データの見方・使い方』（朝倉書店，1981）

講座〈情報をよむ統計学〉6
質的データの解析―調査情報のよみ方―　　定価はカバーに表示
2003年1月25日　初版第1刷
2004年4月10日　　　第2刷

著　者　上　田　尚　一
発行者　朝　倉　邦　造
発行所　株式会社　朝　倉　書　店

東京都新宿区新小川町6-29
郵便番号　162-8707
電　話　03(3260)0141
ＦＡＸ　03(3260)0180
http://www.asakura.co.jp

〈検印省略〉

© 2003〈無断複写・転載を禁ず〉

中央印刷・渡辺製本
Printed in Japan

ISBN 4-254-12776-6　C 3341

◆ 講座〈情報をよむ統計学〉◆

情報を正しく読み取るための統計学の基礎を解説

前龍谷大 上田尚一著
講座〈情報をよむ統計学〉1
統 計 学 の 基 礎
12771-5 C3341　　A5判 224頁 本体3400円

情報が錯綜する中で正しい情報をよみとるためには「情報のよみかき能力」が必要。すべての場で必要な基本概念を解説。〔内容〕統計的な見方／情報の統計的表現／新しい表現法／データの対比／有意性の検定／混同要因への対応／分布形の比較

前龍谷大 上田尚一著
講座〈情報をよむ統計学〉2
統 計 学 の 論 理
12772-3 C3341　　A5判 240頁 本体3400円

統計学の種々の手法を広く取り上げ解説。〔内容〕データ解析の進め方／傾向線の求め方／2変数の関係の表し方／主成分／傾向性と個別性／集計データの利用／時間的変化をみるための指標／ストックとフロー／時間的推移の見方－レベルレート図

前龍谷大 上田尚一著
講座〈情報をよむ統計学〉3
統 計 学 の 数 理
12773-1 C3341　　A5判 232頁 本体3400円

統計学でよく使われる手法を詳しく解説。〔内容〕回帰分析／回帰分析の基本／分析の進め方（説明変数の取上げ方）／回帰分析の応用／集計データの利用／系列データの見方／時間的推移の分析／アウトライヤーへの対処／2変数の関係要約／他

前龍谷大 上田尚一著
講座〈情報をよむ統計学〉7
クラスター分析
12777-4 C3341　　A5判 216頁 本体3400円

データをその特徴でグループに分けて扱う技法。有効な使い方のための注意と数学的基礎を解説。〔内容〕区分けの論理／データの区分けと分散分析／クラスター／構成比／階層的手法／基礎データの結合／時間的変化／地域データ／複数の観点他

前龍谷大 上田尚一著
講座〈情報をよむ統計学〉9
統計ソフトUEDAの使い方
[CD-ROM付]
12779-0 C3341　　A5判 200頁 本体3400円

統計計算や分析が簡単に行え、統計手法の「意味」がわかるソフトとその使い方。シリーズ全巻共通〔内容〕インストール／プログラム構成／内容と使い方：データの表現・分散分析・検定・回帰・時系列・多次元・グラフ他／データ形式と管理／他

B.S.エヴェリット著　前統数研 清水良一訳
統 計 科 学 辞 典
12149-0 C3541　　A5判 536頁 本体12000円

統計を使うすべてのユーザーに向けた「役に立つ」用語辞典。医学統計から社会調査まで、理論・応用の全領域にわたる約3000項目を、わかりやすく簡潔に解説する。100人を越える統計学者の簡潔な評伝も収載。理解を助ける種々のグラフも充実。［項目例］赤池の情報量規準／鞍点法／EBM／イェイツ／一様分布／移動平均／因子分析／ウィルコクソンの符号付き順位検定／後ろ向き研究／SPSS／F検定／円グラフ／オフセット／カイ2乗統計量／乖離度／カオス／確率化検定／偏り他

元統数研 林知己夫編
社会調査ハンドブック
12150-4 C3041　　A5判 776頁 本体25000円

マーケティング、選挙、世論、インターネット。社会調査のニーズはますます高まっている。本書は理論・方法から各種の具体例まで、社会調査のすべてを集大成。調査の「現場」に豊富な経験をもつ執筆者陣が、ユーザーに向けて実用的に解説。〔内容〕社会調査の目的／対象の決定／データ獲得法／各種の調査法／調査のデザイン／質問・質問票の作り方／調査の実施／データの質の検討／分析に入る前に／分析／データの共同利用／報告書／実際の調査例／付録：基礎データの獲得法／他

上記価格（税別）は2004年3月現在